VÁRIAS FACES DA MATEMÁTICA

TÓPICOS PARA LICENCIATURA E LEITURA GERAL

Blucher

GERALDO ÁVILA

VÁRIAS FACES DA MATEMÁTICA

TÓPICOS PARA LICENCIATURA E LEITURA GERAL

2ª edição revista e ampliada

Várias faces da matemática

1ª reimpressão - 2012
Editora Edgard Blücher Ltda.

Blucher

Rua Pedroso Alvarenga, 1245, 4º andar
04531-012 - São Paulo - SP - Brasil
Tel 55 11 3078-5366
editora@blucher.com.br
www.blucher.com.br

Segundo Novo Acordo Ortográfico, conforme 5. ed.
do *Vocabulário Ortográfico da Língua Portuguesa*,
Academia Brasileira de Letras, março de 2009.

FICHA CATALOGRÁFICA

Ávila, Geraldo Severo de Souza,
Várias faces da matemática: tópicos para licenciatura e leitura geral / Geraldo Severo de Souza Ávila. - 2. ed. - São Paulo: Blucher, 2010.

Bibliografia.
ISBN 978-85-212-0510-4

1. Matemática 2. Matemática - História
I. Título.

10-01431 CDD-510

Índices para catálogo sistemático:
1. Matemática 510

Este livro é dedicado à minha cunhada
Nadia,
que desejava um livro de Matemática com muitas
amenidades...;

e também à minha estimada amiga e colega
Maria Zoraide,
que um dia deu-me um conselho decisivo para que
eu cuidasse de fazer o livro vir a lume.

Eu quase que nada não sei, mas desconfio de muita coisa
Grande Sertão: Veredas

Sumário

Prefácio

Este livro, agora em sua segunda edição, reúne grande parte dos tópicos tratados em artigos que publicamos na RPM[1] desde seu início em 1982. Mas não se trata apenas de uma reprodução do que apareceu na Revista, pois houve acréscimos, correções e adaptações; e, na presente edição, acrescentamos os dois capítulos finais e aumentamos os Capítulos 8 e 11.

O livro reúne matéria variada, que é de interesse de professores do ensino fundamental e médio, e de alunos de licenciatura que se preparam para o magistério. Por isso mesmo, em muitas partes do texto há comentários sobre ensino que são de interesse direto desse público.

Mas o livro não se destina somente a essas pessoas. Ele é também dirigido àqueles que, embora não sejam profissionais da Matemática, nutrem gosto e admiração especiais por esse belo ramo do conhecimento humano. A esses e aos que, em geral, só desejam algum conhecimento de Matemática, ou apenas querem entender melhor a importância e o significado dessa ciência, temos uma palavra de encorajamento: a essência da Matemática não está nas fórmulas, mas nas ideias que impulsionam a criatividade de suas teorias. Portanto, nosso conselho a nossos leitores mais leigos é que não se deixem intimidar por fórmulas e equações. Não permitam que elas interrompam sua caminhada, e sempre que elas estiverem sendo um obstáculo difícil, melhor será abandoná-las à margem do caminho.

Os diferentes capítulos do livro são quase todos independentes uns dos outros, ou se interdependem muito pouco, a ponto de poderem ser lidos isoladamente. Isso até torna o livro "mais leve", já que pode ser aberto e lido a partir de qualquer capítulo, com muito poucas exceções. Mesmo que o leitor comece a ler uma página qualquer, ele poderá encontrar motivação para voltar ao início do capítulo correspondente ou mesmo a outra parte do livro.

Espero não ter fracassado em meu empenho de atender ao desejo de pessoas como minha cunhada Nadia, para quem o livro deve conter "muitas amenidades"... É certo que algumas partes do texto se tornam mais técnicas e podem

[1]Para os que ainda não sabem, RPM significa *Revista do Professor de Matemática*, uma publicação da SBM (Sociedade Brasileira de Matemática).

ser uma barreira para alguns leitores, mas é certo também que qualquer leitor encontrará o que ler em várias partes do livro, pois muitos dos assuntos tratados são amenidades de puro deleite intelectual: episódios narrados num contexto histórico, fatos matemáticos relacionados com outras áreas do conhecimento, como a Astronomia e a Física. Mas também episódios de profunda influência no desenvolvimento da Matemática, como os Elementos de Euclides, as obras de Arquimedes, a demonstração da infinidade dos números primos, da existência de números irracionais, o surgimento das geometrias não euclidianas; e o desenvolvimento da Teoria dos Conjuntos, dos números transfinitos e dos Fundamentos da Matemática em tempos mais recentes.

Depois de quase 50 anos de magistério, com muitos erros, acertos e esforços de aprimoramento profissional, acreditamos ter adquirido uma experiência que nos autoriza não só a "dar conselhos" aos mais jovens, mas que também nos faz crer que isso é até uma obrigação de quem encerra sua carreira, não por vontade própria, mas pelo peso dos anos que se acumularam.

Um esclarecimento sobre notação: de acordo com uma norma que vem lá do final do século XVIII, quando foi criado o sistema métrico, um número de muitos algarismos deve ter suas classes divididas por um pequeno intervalo, como em 8 465 234 291. Essa norma não é seguida nos países de língua inglesa, onde se prefere escrever $8,465,234,291$. Entre nós, aqui no Brasil, é frequente a notação 8.465.234.291, que é a que preferimos e adotamos. Alguns alegam que ela é confusa, que o ponto é usado para indicar multiplicação; mas isto não é verdade, pois o ponto da multiplicação deve ficar no meio da linha, assim: $8 \cdot 465 \cdot 234 \cdot 291$.

Ficaremos muito gratos aos nossos leitores que se derem ao trabalho de nos alertar sobre erros de qualquer natureza que venham a encontrar no livro. Para isso, podem contactar-nos por intermédio da Editora ou diretamente em nosso endereço eletrônico: geraldoavila.df@gmail.com.

Renovamos aqui nossos agradecimentos a Luís Cláudio Lopes de Araújo, que preparou todas as ilustrações e desenhos do texto, tanto da primeira como os adicionais desta segunda edição, e nos prestou valiosa ajuda com o sistema LaTeX; e também ao Dr. Edgard Blücher pelo continuado interesse e acolhida ao nosso trabalho.

Geraldo Ávila
Brasília, outubro de 2009

Capítulo 1

Por que a Matemática?

1.1 Introdução

Todo professor de Matemática já deve ter tido a experiência de ser questionado por seus alunos sobre a importância da Matemática e sua utilidade. Eles costumam fazer perguntas deste tipo:

— Professor, para que serve toda essa Matemática que estamos estudando?

— Por que a gente tem de aprender todas essas coisas sobre triângulos, casos de congruência, semelhança etc. Afinal, de que vai me adiantar tudo isso na vida?

E o professor, frequentemente, se vê em dificuldades para dar respostas satisfatórias. Na verdade, perguntas desse tipo nem sempre têm respostas fáceis ou breves. Então, como responder-lhes?

Neste capítulo inicial vamos abordar esse tema, procurando ajudar o professor, primeiro, a bem entender toda a riqueza da Matemática e seu verdadeiro papel na formação do aluno; e, depois, a lidar com essas perguntas sobre o porquê da Matemática.

1.2 Primeiras justificativas

As razões mais frequentemente mencionadas para justificar o ensino da Matemática são as seguintes:

A Matemática é necessária em atividades práticas que envolvem aspectos quantitativos da realidade.

A Matemática é importante porque desenvolve o raciocínio lógico.

Essas razões, embora legítimas, não são as mais importantes, nem são tudo o que justifica o papel da Matemática no ensino. A primeira delas, por exemplo, é praticamente irrelevante para uma pessoa interessada em estudos na área de humanidades. De fato, basta um conhecimento elementar de operações com números para atender razoavelmente bem as diversas necessidades do dia a dia. Aliás, até ironicamente, o avanço tecnológico criou uma situação curiosa: hoje em dia o cidadão necessita de menos Matemática — pelo menos, no que diz respeito a cálculos com números — do que décadas atrás, quando não dispúnhamos, como hoje, desses instrumentos tão eficazes, que são as calculadoras de bolso.

Como se vê, as técnicas matemáticas de que necessitamos em nosso cotidiano são tão modestas que podem ser plenamente atendidas no ensino das primeiras cinco ou seis séries do ensino fundamental. Por que, então, ensinar Matemática até a última série do ensino médio? Será que a segunda das razões citadas justifica esse ensino? A nosso ver, ela também é insuficiente como explicaremos a seguir.

1.3 Além do raciocínio dedutivo

A idéia de que o pensamento matemático se reduz a seus aspectos lógico-dedutivos — uma ideia muito difundida, mesmo entre professores de Matemática — é incompleta e exclui o que há de mais rico nos processos de invenção e descoberta. O pensamento matemático vai muito além do raciocínio dedutivo. Em seus aspectos mais criativos, a Matemática depende da intuição e da imaginação, às vezes até mais que da dedução. Vamos explicar isso a seguir.

A intuição é a faculdade mental que permite obter o conhecimento de maneira direta, sem a intervenção do raciocínio. Os matemáticos frequentemente se referem a algum fato como "intuitivo", querendo com isso dizer que se trata de algo cuja veracidade é facilmente reconhecível. Mas é bom lembrar que "intuitivo" não é sinônimo de "fácil". Há muitas verdades profundas e difíceis que são apreendidas pela intuição.

1.4 Intuições e conjecturas famosas

A intuição é, na verdade, uma faculdade mental mais poderosa que o próprio raciocínio. É por meio dela que ocorrem as grandes criações do ser humano, nas artes, na filosofia e nas ciências. Henri Poincaré (1854–1912), o mais eminente dos matemáticos de sua época, testemunhou bem isso, num artigo que escreveu sobre "criação matemática", em que ele conta várias de suas experiências como pesquisador. Uma dessas experiências ocorreu em suas tentativas de demonstrar certo teorema no estudo das chamadas "funções automorfas". Depois de vários dias de trabalho sem sucesso, ele interrompeu suas pesquisas para fazer uma excursão geológica com várias outras pessoas. Foi como se estivesse tirando umas férias da Matemática, passando dias distraído com outras coisas. Num dos momentos da viagem, segundo ele conta, veio-lhe à mente, assim de súbito, a ideia de utilizar, na demonstração de seu teorema, certos recursos matemáticos que já havia empregado tempos antes numa outra situação. E, ao voltar para casa, examinando detidamente essa ideia, pôde verificar que ela era realmente a chave da solução que procurava. A "ideia", de fato, tinha seu "mérito".

Ideias são coisas que nos vêm por intuição. Uma ideia não se deduz, "se intui". Albert Einstein (1879–1955) concebeu a ideia de que a velocidade da luz no vazio seria independente da velocidade da fonte luminosa; e também a ideia de que o tempo não seria uma grandeza física absoluta, mas deveria ser entendido como ligado ao sistema de referência, do mesmo modo que o espaço. A partir desses dois postulados, ele construiu sua Teoria da Relatividade Restrita por deduções sucessivas, do mesmo modo como fazemos em Geometria, provando teoremas a partir de outros mais simples. Essas ideias de Einstein lhe vieram à mente por intuição, não por dedução. Outro exemplo mais conhecido e mais antigo de formulação axiomática em Física encontra-se na mecânica newtoniana, alicerçada nas chamadas três leis do movimento de Newton (1642–1727). Exemplos como esses existem em abundância na História da Ciência, não apenas em Matemática e nas ciências exatas.

Em Matemática, particularmente, é muito comum um pesquisador, em conversa com colegas, tecer comentário sobre algum resultado novo que acredita ser verdadeiro, embora não disponha ainda de uma demonstração. O pesquisador, com sua experiência e familiaridade em determinada área de investigação, valendo-se das várias modalidades do raciocínio (indução, analogia de uma situação com outra, argumentos de plausibilidade) e da intuição, é levado a suspeitar da validade de um novo resultado ou teorema. A demonstração, em geral, é a etapa final, que completa o trabalho de investigação. E muitas vezes, por não conseguir encontrar uma demonstração, o teorema, tendo já adquirido credibilidade na comunidade matemática, impõe-se com o nome de "conjectura", "hipótese" ou mesmo "teorema". Há assim várias conjecturas na literatura matemática, ou seja, resultados ainda não demonstrados, mas que os matemáticos acreditam serem verdadeiros. De vez em quando uma dessas conjecturas é demonstrada, geralmente por algum matemático jovem, que se torna, então, famoso e bastante conhecido entre seus pares. Dentre as muitas dezenas de tais resultados, alguns já demonstrados, outros não, vamos falar, a seguir, de apenas quatro deles.

A conjectura mais famosa, não resolvida até hoje, é a chamada "Hipótese de Riemann", formulada pelo matemático alemão Bernard Riemann (1826–1866) em meados do século XIX. Seu enunciado envolve conceitos avançados, difíceis de serem explicados aqui.

O chamado "Último Teorema de Fermat" diz que não existem inteiros positivos a, b, c e n, com $n > 2$, tais que $a^n + b^n = c^n$. Esse teorema foi uma conjectura que desafiou os matemáticos por cerca de três séculos e meio, até ser resolvida em 1995 pelo matemático Andrew Wiles (1953–). Sua prova aparece no contexto de uma ampla teoria pertencente a duas importantes e difíceis disciplinas matemáticas, a Teoria dos Números e a Geometria Algébrica.

Outra conjectura ainda não resolvida, e que pertence ao domínio da teoria dos números é a chamada "Conjectura dos primos gêmeos". Primos gêmeos são números primos que diferem por duas unidades, como 3 e 5, 5 e 7, 11 e 13, 17 e 19, 29 e 31 etc. Pois bem, suspeita-se que haja uma infinidade de tais pares de primos, mas até hoje não se conseguiu demonstrar isto.

Uma outra importante conjectura é devida a Poincaré, já que foi formulada pelo ilustre matemático francês em 1904, por isso mesmo é chamada "Conjectura de Poincaré". Ela foi demonstrada verdadeira em 2006 por um matemático russo. Como a Hipótese de Riemann, ela também envolve conceitos avançados de Matemática.

Essas breves considerações mostram o quanto de riqueza existe no pensamento matemático para além de seus aspectos lógico dedutivos. Imaginação e intuição são instrumentos tão importantes na invenção matemática como o são para o pintor que concebe um quadro, para o escritor que planeja uma obra literária ou para o músico em suas composições.

1.5 As razões maiores para o ensino da Matemática

O ensino da Matemática é justificado, em larga medida, pela riqueza dos diferentes processos de criatividade que ele exibe, proporcionando ao educando excelentes oportunidades de exercitar e desenvolver suas faculdades intelectuais.

Mas a razão mais importante para justificar o ensino da Matemática é o relevante papel que esta disciplina desempenha na construção de todo o edifício do conhecimento humano. Desde os primórdios da civilização, o homem, como "ser pensante", sempre quis entender o mundo em que vive. Será que a Terra é plana? Como se suporta? Como são seus limites últimos? A abóbada celeste é uma fronteira última, com as estrelas nela incrustadas? E o que são essas estrelas? Por que e como alguns corpos celestes — os planetas — se deslocam erraticamente? O que existe para além dessa abóbada? Como explicar os movimentos do Sol e da Lua? A matéria é indefinidamente divisível ou constituída de "átomos" indivisíveis? Ou cada tipo de matéria é formada de alguns elementos básicos, como terra, água, fogo e ar?

Perguntas como essas certamente atormentaram o espírito humano por muitos milênios, até que, a partir do século VI a.C., começaram a ser respondidas, e com muito sucesso. Foram ideias matemáticas simples de semelhança de figuras geométricas e proporcionalidade que permitiram aos astrônomos, já no século III a.C., calcular o tamanho da Terra (Capítulo 3), os tamanhos do Sol e da Lua e as distâncias a que se encontram esses astros da Terra (Capítulo 4). E a solução desses problemas mudou radicalmente a ideia do homem a respeito do mundo em que vivia.

As ideias de Copérnico (1473–1543), Galileu (1564–1642) e Kepler (1571–1630) sobre o sistema solar, bem como os dados de observação de Tycho Brahe (1546–1601), culminaram, no século XVII, com a teoria da gravitação de Newton, que dava ao homem um novo e poderoso instrumento de compreensão do sistema solar. Os desenvolvimentos que se seguiram, sobretudo com os trabalhos de Laplace (1749–1827), iriam resgatar a antiga ideia de Pitágoras (séc. VI a.C.) de que "o número é a chave para a compreensão dos fenômenos", pois ficava agora evidente que os movimentos dos planetas obedeciam a leis matemáticas precisas. Isso teve influência decisiva no pensamento racionalista do século XVIII, portanto, nas próprias concepções filosóficas dessa época. Voltaire (1694–1778), por exemplo, que passou alguns anos de sua vida na Inglaterra, de lá voltou entusiasmado com muito do que viu, em particular com a obra de Newton, da qual foi um grande divulgador entre os franceses.

Ideias sobre a constituição da matéria ocorreram na antiguidade, sendo bem conhecidas as de Leucipo e Demócrito, cuja eficácia só pode ser comprovada com o desenvolvimento da Química no século XIX. E novamente aqui o instrumental matemático está na base da solução dos problemas.

Já no século XX, e graças a eficazes ideias matemáticas, novamente o homem alargou as fronteiras do mundo em que vive, calculando distâncias astronômicas fantásticas e formulando teorias cosmológicas que indicam que o universo em que vivemos teve origem há uns 14 bilhões de anos.

Mais recentemente, os avanços da Biologia Molecular, alicerçados em ideias matemáticas, abrem perspectivas de progressos até há algumas décadas sequer sonhados sobre os mistérios da vida, sobre a diversidade das espécies e sobre a engenharia genética.

Até mesmo em vários domínios da Arte a Matemática tem tido uma influência substancial e direta, como na Arquitetura, na Escultura, na Pintura e na Música.

Na Pintura, particularmente, foi graças a ideias matemáticas de paralelismo e projeção que os pintores da Renascença criaram a ciência da Perspectiva, que lhes tornou possível retratar em suas telas uma realidade marcada por intenso humanismo.

A descoberta de que Matemática e Música estão intimamente relacionadas remonta a Pitágoras. Mas foi só no século XVIII que a teoria musical encontrou bases seguras para se estruturar cientificamente; e aqui, novamente, foram ideias matemáticas que permitiram uma interpretação científica dos fenômenos sonoros.

Há um importante campo de estudos, que é domínio próprio da Matemática, conhecido como *Lógica e Fundamentos*, no qual foram realizadas, por volta de 1930, notáveis descobertas,[1] que estabelecem ser inalcançável o objetivo de organizar logicamente a Matemática, de forma a garantir que todas as suas proposições possam ser testadas como verdadeiras ou falsas. Em outras palavras, o edifício matemático, como resultado do trabalho humano, não tem nem pode ter garantida sua consistência. Isso se reflete em todo o conhecimento humano, já que a Matemática é, direta ou indiretamente, instrumento do qual dependem, para sua organização, as demais ciências, como a Física, a Química, a Biologia, a Astronomia etc. Em consequência, todo o conhecimento construído pelo homem está necessariamente marcado pelas limitações de sua própria intelectualidade. E é esse mesmo conhecimento que revela essas limitações; vale dizer, o homem descobre as limitações de seu intelecto, graças ao exercício desse mesmo intelecto!

Esses vários exemplos mostram o quanto as "ideias matemáticas" têm estado presentes na construção de todo o edifício do conhecimento, influindo também, de maneira profunda e marcante, nas próprias concepções filosóficas do homem diante de sua existência e do mundo em que vive. Por isso mesmo, o ensino da Matemática tem justificativas mais amplas e abrangentes que apenas aquelas duas citadas no início deste capítulo. Podemos assim enunciá-las:

A Matemática deve ser ensinada nas escolas porque é parte substancial de todo o patrimônio cognitivo da Humanidade. Se o currículo escolar deve levar a uma boa formação humanística, então o ensino da Matemática é indispensável para que essa formação seja completa.

O ensino da Matemática se justifica ainda pelos elementos enriquecedores do pensamento matemático na formação intelectual do aluno, seja pela exatidão do pensamento demonstrativo que ela exibe, seja pelo exercício criativo da intuição, da imaginação e dos raciocínios por indução e analogia.

O ensino da Matemática é também importante para dotar o aluno do instrumental necessário no estudo das outras ciências e capacitá-lo no trato das atividades práticas que envolvem aspectos quantitativos da realidade.

É claro que uma pessoa pode prescindir de conhecimento matemático e mesmo assim ser um grande ator, escritor, estadista, enfim, um profissional realizado em muitos domínios do conhecimento. Mas certamente seus horizontes culturais serão mais restritos. A situação é análoga à de uma pessoa que, mesmo possuindo competência matemática, tenha pouco ou quase nada de conhecimentos

[1] Das quais voltaremos a falar no Capítulo 11.

humanísticos; seus horizontes culturais também serão mais limitados.

1.6 Ensino orgânico e integrado

Para atingir plenamente seus objetivos, o ensino da Matemática deve ser feito de maneira a atender a certos requisitos básicos, que enunciamos a seguir:

O ensino deve sempre enfatizar as ideias da Matemática e sua importância no desenvolvimento da própria Matemática.

Os diferentes tópicos da Matemática devem ser tratados de maneira a exibir sua interdependência e organicidade.

O ensino da Matemática deve ser feito de maneira bem articulada com o ensino de outras ciências, sobretudo a Física.

1.7 Em classe

Neste ponto, voltamos à questão inicial das dificuldades do professor em satisfazer o desejo de seus alunos que perguntam para que serve o que estão aprendendo, ou por que têm de estudar este ou aquele tópico. Nem sempre o professor tem uma explicação satisfatória, e às vezes até encerra o assunto com uma resposta nada convincente: "Você precisa aprender isso agora como embasamento para o que vai aprender mais tarde".

Em situações como essa quem tem razão é o aluno: sua curiosidade por uma justificativa adequada das coisas que lhe são ensinadas é mais do que natural. Ele precisa de respostas claras que satisfaçam sua curiosidade e estimulem sua mente inquisitiva. Só assim o professor poderá transformar o desinteresse do aluno pela Matemática em sua ativa participação no aprendizado.

Como dissemos no início do capítulo, essas perguntas não têm respostas fáceis nem breves. O ideal seria que o ensino pudesse se desenvolver de maneira a justificar, a cada passo, a relevância daquilo que se ensina. Cada novo tópico a ser tratado seria devidamente motivado. Embora isso não possa ser feito sempre, o professor certamente pode, com frequência, formular problemas práticos interessantes e trazer à aula pequenas histórias que ajudem a despertar a curiosidade dos alunos. Nos capítulos seguintes apresentamos vários desses problemas e histórias.

Trazendo frequentemente a suas aulas histórias, problemas e questões interessantes, o professor desperta no aluno uma crescente admiração pelo largo alcance da Matemática, estimulando seu interesse pela disciplina. E assim procedendo, ele se antecipa às perguntas dos alunos sobre a relevância da Matemática, a ponto de eles nem terem tanta necessidade de fazê-las. Aliás, se fazem tais perguntas — ou as fazem com muita frequêcia —, isto já é, em si, um sintoma de que algo deve ser feito para motivá-los. Talvez o ensino esteja se desenvolvendo muito abstratamente, sem exibir a relevância dos conceitos introduzidos. É o que acontece, por exemplo, com o ensino de funções a partir do produto cartesiano de conjuntos, seguido de relações, a função sendo definida como um tipo particular de relação; depois funções injetivas, bijetivas, sobrejetivas, função composta etc. Diante de uma tal "enxurrada" de novos conceitos, cuja utilidade não é imediatamente visível, é natural que o aluno pergunte: mas para que tudo isso? E ele tem razão. Aqui o professor não pode pôr a culpa no aluno; antes, ele deve voltar-se para si mesmo e questionar seu próprio ensino, procurar ver o que está fazendo de deficiente e em que pode ser melhorado. Mas nunca deve deixar essas perguntas sem respostas ou descartá-las como impertinentes ou extemporâneas. E se não estiver preparado para uma resposta satisfatória — o que acontece até mesmo com os professores mais experientes — o certo é dar alguma resposta parcial ou provisória, sem rodeios ou evasivas. E procurar se informar para, numa aula posterior, voltar ao assunto e esclarecer seus alunos.

1.8 Ensino equilibrado

Esse exemplo que acabamos de dar, do ensino "abstrato" de funções, ilustra muito bem esse péssimo hábito de introduzir conceitos novos sem nenhuma necessidade imediata. Em nosso entender, a introdução de conceitos novos, de preferência, só deve ser feita quando esses conceitos forem necessários ao próprio desenvolvimento do ensino. Por exemplo, só faz sentido falar de função injetiva quando tal conceito estiver sendo necessitado numa situação concreta, como no caso de se falar também de função inversa. Mesmo aqui, somente se tivermos algo importante a fazer com a inversa, como é o caso no estudo de exponenciais e logaritmos.

Não queira também o professor apresentar todas as justificativas e motivações do ensino da Matemática de uma só vez, nem despejar sobre os alunos todas as histórias sobre a relação da Matemática com outras ciências. Tudo deve ser feito aos poucos, em pequenas doses. O ideal é que o professor esteja sempre preparado com algumas historinhas e exemplos de aplicações para serem apresentados nos momentos mais oportunos.

E é importante que as aplicações ou contextualizações sejam interessantes e sem artificialismos. Assim, calcular o tamanho da Terra, como fez Eratóstenes na Antiguidade (Capítulo 3), certamente é uma aplicação de grande relevância que, devidamente apresentada, há de motivar os alunos e estimular seu interesse e admiração pela Matemática. Indo a outro extremo, seria contraproducente propor o problema de calcular a quantidade de tecido necessário para fazer uma toalha na forma de um trapézio de bases 180 e 240 centímetros e altura 120, pois não se costumam fazer toalhas assim... Melhor seria calcular a área de um terreno com a mesma forma trapezoidal (trocando convenientemente as dimensões); ou, simplesmente, calcular a área do trapézio.

Embora motivação e aplicações sejam importantes, não se pode ir a extremos, querendo que toda a Matemática seja sempre ensinada com aplicações. A apresentação frequente de aplicações leva o estudante a adquirir entusiasmo e admiração pela Matemática, a ponto de se interessar por questões puramente teóricas, que exibam ideias ou fatos interessantes em si mesmos, independentemente de aplicações práticas.

1.9 Teoremas e demonstrações

Sim, teoremas e demonstrações também são uma parte importante no ensino. É deplorável constatar que esses recursos tenham sido abandonados já há tantos anos! Como se pode falar de Matemática sem teoremas e demonstrações?! Isso é essencial no ensino, não pode faltar! Como sabemos que existe uma infinidade de números primos? Por causa de uma demonstração! (feita na p. 111.) Como sabemos que não existe fração cujo quadrado seja 2? Por causa de uma demonstração! (feita na p. 71.) Como sabemos que a série harmônica diverge? Por causa de uma demonstração! aliás, bem simples e inteligível a qualquer jovem de 12 ou 13 anos de idade (a qual está feita na p. 159). É um absurdo, um verdadeiro insulto à inteligência dos jovens apresentar-lhes resultados como esses, "dogmaticamente", sem justificativa nenhuma, isso é inaceitável. Melhor, então, não ensinar.

É claro que aqui também não se deseja ir a extremos. Uma aula inteira com pesadas demonstrações é contraproducente; ou mesmo semanas a fio só com teoremas e mais teoremas. Tudo tem de ser devidamente dosado e judiciosamente entremeado com a parte prática, para que o aluno possa compreender bem a necessidade e o mérito das demonstrações. E seja, enfim, levado a entender que não se faz uma autêntica Matemática sem teoremas e demonstrações. E é importante também que o professor saiba escolher certos teoremas bem interessantes, como os dos três exemplos citados há pouco, e faça uma boa apresentação deles, motivando a necessidade das demonstrações.

Um outro bom exemplo está na matéria tratada logo a seguir, no próximo capítulo. Fazemos ali a apresentação de um problema interessante, cercado de uma história curiosa e até engraçada, para, no final, chegarmos a uma demonstração. Mas, veja bem: nesse caso o teorema foi devidamente motivado, e sua veracidade foi até verificada, antes mesmo de sua demonstração. Algo parecido acontece nas matérias tratadas nos Capítulos 3 e 4, e em vários outros capítulos do livro. Quando situações como essas são apresentadas, o aluno fica bem preparado para compreender a necessidade de apresentações mais teóricas de teoremas e demonstrações.

É importante ter sempre presente que em todos os tópicos tratados no ensino, inclusive nas demonstrações, é de suma importância ressaltar as *ideias* envolvidas, pois são elas que respondem pela criatividade das teorias matemáticas; e são elas também que podem despertar o interesse do aluno, se é que o ensino esteja sendo bem conduzido.

Capítulo 2

Geometria e Imaginação

2.1 Introdução

No capítulo anterior falamos da imaginação como um dos grandes recursos do pensamento matemático. Contaremos agora uma história pitoresca ilustrativa desse fato numa situação bem elementar e de fácil compreensão.

Tudo se passou nos Estados Unidos, no ano de 1981, quando uma organização chamada Serviço de Testes Educacionais (Educational Testing Service) ministrou um exame para cerca de 1,3 milhão de estudantes do ensino médio, uma espécie do nosso ENEM. Nesse exame foi proposta a seguinte questão:

Seja ABCDE uma pirâmide de base quadrada, cujas faces laterais são triângulos equiláteros. E seja FGHI um tetraedro regular, cujas faces são triângulos congruentes às faces laterais da pirâmide (Figura 2.1). Juntando-se os dois sólidos de maneira que a face ADE da pirâmide coincida com a face GIH do tetraedro, obtém-se o poliedro ABCDEF (Figura 2.2). Quantas faces tem esse poliedro?

2.2 Os fatos

Ao proporem essa questão, os examinadores raciocinaram assim: a pirâmide tem 5 faces e o tetraedro, 4, um total de 9 faces. Ao se juntarem, 2 faces desaparecem, de forma que o poliedro resultante deverá ter 7 faces.

No entanto, um dos examinandos, Daniel Lowen, de 17 anos, respondeu que o sólido resultante tinha 5 faces. Mais tarde, ele explicou que, de início, a questão lhe pareceu muito simples, apenas uma contagem de faces, como entendiam os examinadores: uma soma, uma subtração e nenhuma fórmula. Porém, explicou ele, refletindo um pouco mais e considerando a justaposição dos sólidos, a visualização espacial lhe sugeriu a idéia de que não apenas duas faces desapareceriam, mas as faces ACD e FGI da Figura 2.1 ficariam num mesmo plano, o mesmo acontecendo com as faces ABE e FGH. Em consequência, no sólido resultante da Figura 2.2 $ABEF$ seria uma única face, o mesmo acontecendo com $ACDF$.

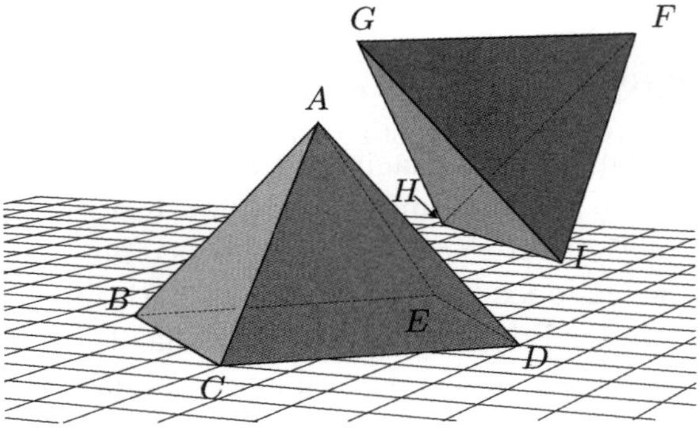

Figura 2.1

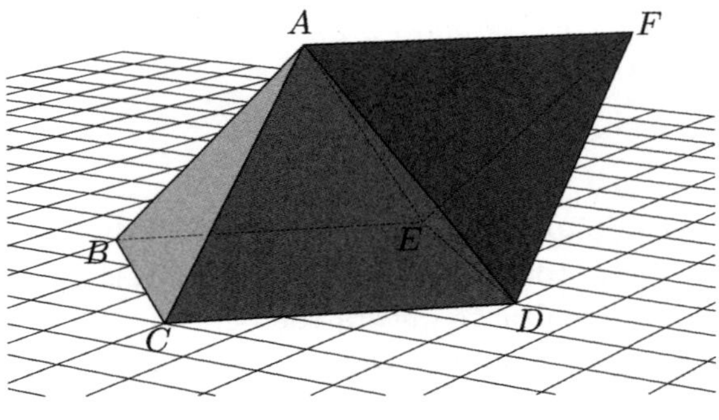

Figura 2.2

Ao chegar em casa, Daniel construiu modelos dos sólidos para certificar-se de que tinha acertado a resposta. Sugerimos que o leitor faça o mesmo, utilizando cartolina para construir uma pirâmide e um tetraedro da mesma forma como esses sólidos foram descritos; e assim poderá constatar que Daniel Lowen tinha razão. No entanto, para sua decepção, quando recebeu o resultado do exame constatou que sua resposta fora marcada como errada! Diante disso, e considerando que seus examinadores não tivessem cometido qualquer engano, seu pai, que era engenheiro mecânico da empresa Rockwell, começou a estudar o problema, tentando descobrir o erro de seu filho. Não conseguindo, acabou encontrando duas demonstrações diferentes, as quais mostravam que seu filho estava certo!

Os organizadores do exame foram notificados e tiveram de aceder às provas apresentadas. Mas, antes, submeteram a questão a uma comissão de professores, os quais, antes de saberem da solução do estudante Daniel, acharam, todos eles, que a resposta deveria mesmo ser 7. Só mudaram de opinião depois de verem as demonstrações apresentadas pelo pai de Daniel. Portanto, o leitor deve atentar bem para isto: uma "demonstração" é absolutamente necessária, não basta o sentimento de qual deve ser a resposta verdadeira. Logo adiante apresentamos uma das possíveis demonstrações.

Essa história foi contada no jornal *The New York Times* e reproduzida no *San Francisco Chronicle* (que foi a fonte que usamos) em sua edição de 18 de março de 1981. Mais um dado pitoresco dessa história: a Educational Testing Service gastou um adicional de 110.000 dólares para comunicar o novo resultado a todos os estudantes que fizeram o exame, após o reajuste que se fez necessário, sem prejudicar os que deram 7 como resposta, que também está correto (pois podemos considerar faces num mesmo plano, embora seja mais natural, ao nos referirmos às faces de um poliedro, entendermos que elas estejam em planos distintos).

2.3 O processo de descoberta

O leitor deve atentar bem para o raciocínio de Daniel Lowen, todo ele baseado na imaginação e visualização geométrica. Como já dissemos no capítulo anterior, procedimentos como esse são frequentes nas atividades de pesquisa dos matemáticos, cujas descobertas quase sempre se processam dessa maneira. Muitos matemáticos ilustres, quando tratam de Pedagogia, são concordes em insistir na importância de se estimular a imaginação dos estudantes, de se valer o professor do raciocínio heurístico, dos argumentos de plausibilidade e das analogias que possam eventualmente ser exploradas nos processos de aprendizado e descoberta. Mas o raciocínio dedutivo também é, como já dissemos no capítulo anterior, aspecto muito importante e imprescindível do pensamento matemático. Como bem vimos atrás, uma demonstração pelo raciocínio dedutivo foi necessária para a decisão dos professores chamados a julgar o caso. Daremos, em seguida, uma tal demonstração.

2.4 Uma demonstração

A história que acabamos de apresentar foi contada por nós em artigo na RPM 3, onde também apresentamos uma demonstração do resultado de Daniel Lowen. Depois disso, vários leitores da Revista enviaram outras demonstrações. Mas a demonstração mais simples que nos ocorreu foi a seguinte: imagine o tetraedro da Figura 2.2 construído começando por traçar o segmento AF igual e paralelo a CD, o que prova que o ponto F está no plano da face ACD. Como CD é paralelo a BE, AF também é; daqui concluímos que o ponto F também está no plano da face ABE. Por outro lado, pela construção de AF, os quadriláteros $ABEF$ e $ACDF$ são paralelogramos, donde se conclui que as arestas DF e EF também são iguais às da pirâmide e $ADEF$ é realmente o tetraedro regular descrito no problema. Isso completa a demonstração.

Um modo interessante de se perceber a veracidade do teorema de Daniel Lowen é bem visual: basta construir, ao lado da pirâmide original, outra pirâmide igual à primeira como ilustra a Figura 2.3. Percebe-se, então, por simples visualização geométrica, que o tetraedro encaixa-se perfeitamente no espaço entre as duas pirâmides. Mas esse raciocínio ainda não é do tipo dedutivo, como é necessário numa demonstração. Mas pode ser facilmente transformado numa tal demonstração com as seguintes observações: como as bases das pirâmides são quadradas, os ângulos EDC e EDJ são ângulos retos, donde segue-se que sua soma é $180°$. Então, os pontos C, D e J estão alinhados, de forma que a pirâmide da direita na Figura 2.3 pode ser vista como imagem transladada da pirâmide original ao longo de sua aresta CD. Em consequência, o segmento AF na Figura 2.4 é paralelo e congruente ao segmento CD. O resto da demonstração segue como na anterior.

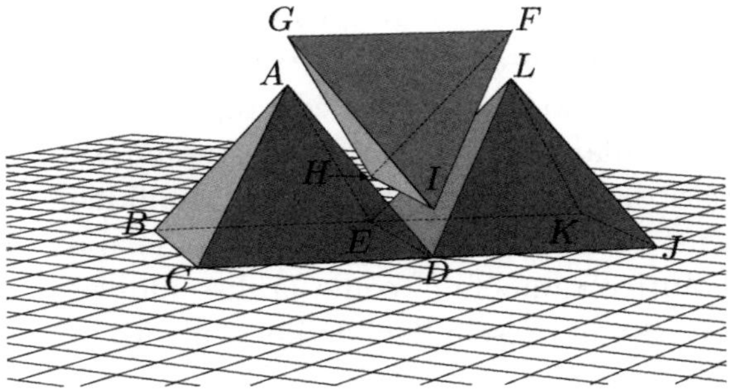

Figura 2.3

2.5 Considerações finais

Henri Poincaré (1854–1912) e David Hilbert (1862–1943) são os maiores matemáticos desde Gauss (1777–1855) até os dias de hoje. Poincaré é considerado o último universalista, pois penetrou fundo nas várias áreas da Matemática, da

Mecânica Celeste, da Física, e de outros domínios do conhecimento, aí incluída a Filosofia. Esteve muito perto de descobrir a Teoria da Relatividade antes de Einstein (1879–1955). Foi também um mestre da divulgação científica, com a rara qualidade de fazer isso em alto nível e de maneira clara e acessível a um amplo público.

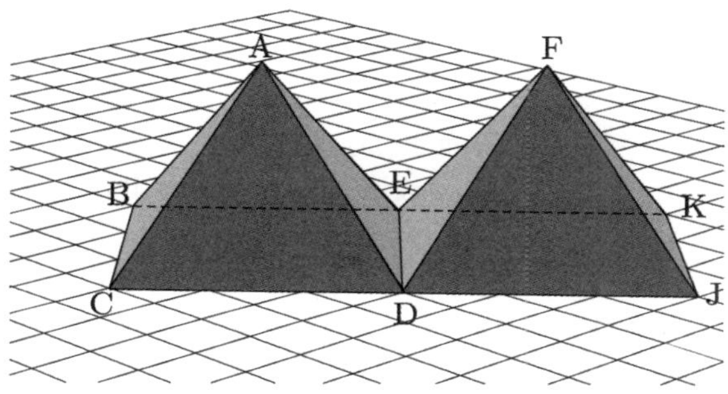

Figura 2.4

Hilbert também percorreu muitos domínios da Matemática, da Física, e da Lógica e Fundamentos. Também se interessou muito por questões de ensino da Matemática. Em 1920 ele ministrou um curso de Geometria em sua Universidade (de Götingen, Alemanha), cujas notas foram posteriormente editadas e publicadas em forma de livro em coautoria com H. Cohn-Vossen. Esse livro, que existe em tradução inglesa, chama-se *Geometry and the Imagination* (donde o título do presente capítulo). O livro é todo ele dedicado a apresentar fatos geométricos os mais variados, elementares e avançados, sob a ótica da intuição, da imaginação e da visualização geométrica.

É claro, como já dissemos no capítulo anterior, que os fatos matemáticos, após serem descobertos, exigem demonstrações. Os examinadores de Daniel Lowen certamente não iriam mudar de opinião enquanto não vissem uma demonstração convincente do teorema por ele imaginado. Mas, como dissemos no capítulo anterior, a atividade matemática, longe de se restringir aos encadeamentos dedutivos das demonstrações, é o resultado de uma dosagem equilibrada dos vários recursos do raciocínio.

Capítulo 3

Eratóstenes e o tamanho da Terra

3.1 Introdução

Certa vez, quando eu explicava uma lição de ciências a meu neto de 14 anos, eu disse: "Como o raio da Terra é aproximadamente 6.400 km...", ao que ele me interrompeu: "Vovô, mas como é que se mede o raio da Terra?"

Eu gostei muito da curiosidade expressa nessa pergunta, porque pude explicar que um grande sábio da Antiguidade calculou o raio da Terra há mais de 2.200 anos! Mais do que isso, pude explicar que ele, meu neto, já sabia a Matemática necessária para entender esse cálculo. E mais ainda, expliquei que os sábios daquela época calcularam também as distâncias da Terra à Lua e da Terra ao Sol, e os tamanhos desses astros; e para isso utilizaram noções básicas de semelhança e proporcionalidade que são ensinadas em nossas escolas a alunos de 12, 13 ou 14 anos de idade.

Fico sempre me perguntando: por que as escolas não ensinam essas coisas aos alunos? São fatos interessantíssimos e que responderiam muito bem a perguntas que os alunos sempre fazem: "Professor, para que serve essa história de triângulos, semelhança, paralelas, etc., etc.?"

Quando eu tinha 13 anos de idade, fiz essas perguntas a meu professor de Matemática. Não tive uma resposta satisfatória, como acontece a muitos estudantes ainda hoje. Mas as perguntas me intrigaram por anos a fio, até que um dia eu aprendi, por conta própria, como os fatos básicos da geometria do triângulo são importantes — e podemos dizer, fazem mágica — na resolução de problemas simples e relevantes, como no caso da Astronomia antiga. Essas coisas me fascinaram muito; e ainda me fascinam. E penso que devem motivar os colegas professores a utilizarem esses exemplos em sala de aula.

3.2 A esfericidade da Terra

A esfericidade da Terra é uma ideia que já era bem difundida entre os sábios, vários séculos a.C. Aristóteles (384–322 a.C.) registra três argumentos em favor dessa ideia. Um desses argumentos consiste na observação de que, quem viaja em direção norte percebe que as estrelas à sua frente vão se tornando mais altas acima do horizonte, ao passo que na direção sul as estrelas vão ficando mais baixas. Outro argumento é o desaparecimento dos navios na linha do horizonte à medida que se afastam de um porto; eles vão desaparecendo progressivamente de baixo para cima, começando pelo casco e terminando pelo topo das velas. O terceiro argumento decorre da observação da sombra projetada pela Terra sobre a Lua durante um eclipse desse satélite. A circularidade dessa sombra é evidência da esfericidade da Terra.

Embora esses argumentos se encontrem nos escritos de Aristóteles, muito provavelmente eles já eram conhecidos bem antes dele. Tales de Mileto, que viveu por volta de 640 a 546 a.C., e Pitágoras (aprox. 585–500 a.C.) muito provavelmente já tinham conhecimento desses argumentos. Isto para falar somente dos sábios gregos. Mas ninguém pode afirmar que tal ideia não tivesse surgido até muito antes no seio de outras civilizações, seja no Egito, na Mesopotâmia, na Índia, na China ou mesmo em outro lugar.

Sabendo da esfericidade da Terra, era natural que se procurasse determinar seu tamanho. O próprio Aristóteles sugere que uma volta completa em torno de um dos grandes círculos terrestres medisse uns 64.000 quilômetros, mas não explica de onde veio esse número. Arquimedes (287–212 a.C.) menciona algo como 48.000 quilômetros, fazendo referências a tentativas de obtenção desse resultado, porém referências também incertas.

Pelo que sabemos, o primeiro cálculo científico do tamanho da Terra foi feito por Eratóstenes (aprox. 284–192 a.C.). Esse cálculo é muito interessante por vários de seus aspectos, particularmente por ilustrar muito bem o poder da Matemática na construção do conhecimento.

3.3 Eratóstenes

Eratóstenes era natural de Cirene (veja o mapa da Figura 3.1), mas viajou e visitou vários outros centros importantes, inclusive Atenas, onde permaneceu por um bom tempo. Ele ficou famoso pela universalidade de seus conhecimentos; e, embora nunca tenha sido o primeiro em qualquer ramo do saber, era admirado e respeitado por vários de seus contemporâneos, dentre os quais Arquimedes (287–212 a.C.), que comunicava a Eratóstenes os resultados de suas pesquisas (veja o Capítulo 12). Tanto Eratóstenes como Arquimedes viveram numa época áurea de

Alexandria, o grande centro do saber naquela época (veja o Capítulo 5). Foi de Atenas que Eratóstenes veio para Alexandria, convidado por Ptolomeu Euergetes (o terceiro rei da dinastia dos Ptolomeus), para ser o tutor de seu filho (e futuro rei). E também para ser o novo bibliotecário da famosa Biblioteca de Alexandria, um posto de alta distinção.

É triste registrar aqui que toda a obra de Eratóstenes acabou se perdendo e não chegou até nós. Ele ficou conhecido por meio de referências em outros autores, pela determinação do tamanho da Terra, e também pelo chamado "crivo de Eratóstenes", um procedimento que permite fazer uma lista dos números primos até o limite que se deseje, o qual está descrito na p. 109.

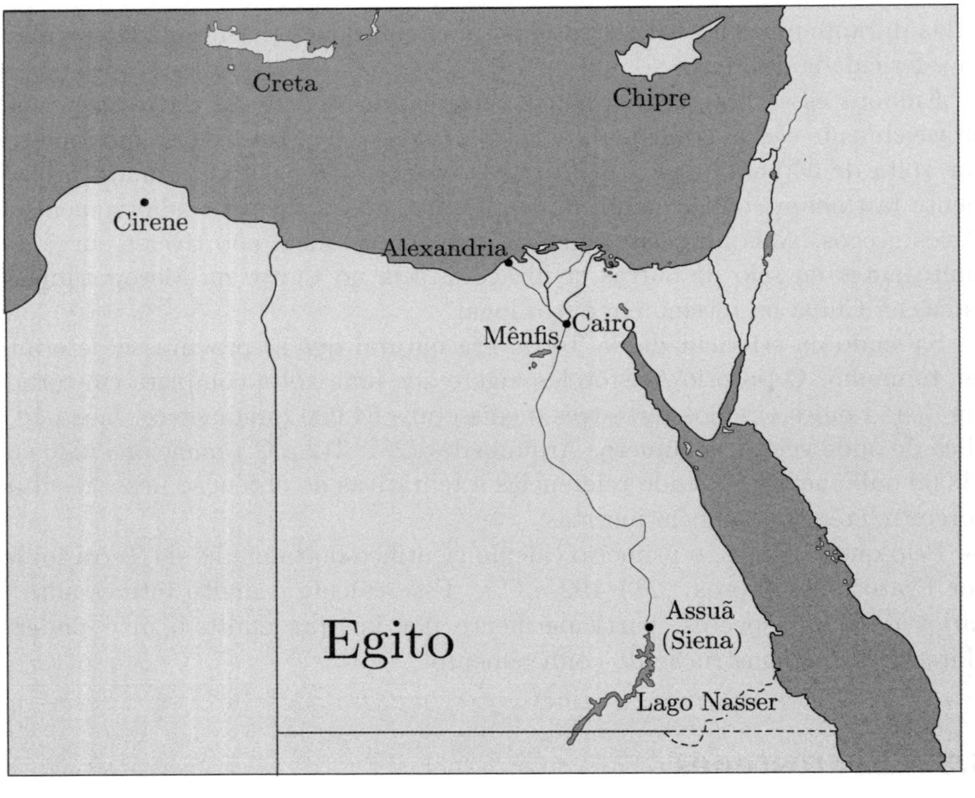

Figura 3.1

3.4 Eratóstenes e o tamanho da Terra

O procedimento de Eratóstenes para calcular o tamanho da Terra se baseia em alguns fatos simples que passamos a descrever. Mais ao sul de Alexandria, onde hoje se localiza a grande represa de Assuã, ficava a cidade de Siena, como ilustra o mapa da Figura 3.1. Naquela época deveria haver um tráfego regular de caravanas entre as duas cidades; e talvez por causa desse tráfego, sabia-se que a distância entre Alexandria e Siena era de aproximadamente 5.000 estádios, ou seja, 800 km (tomando o estádio como igual a 160 metros). Decerto, os viajantes experientes já haviam feito uma boa estimativa dessa distância. Quem viaja com frequência por anos a fio sabe calcular as distâncias percorridas, muito provavelmente pelo número de dias gastos na viagem e pelo que se consegue percorrer numa jornada. E, uma vez conhecida a distância ao longo das estradas, seria possível fazer uma estimativa da distância em linha reta.

Outra coisa que se sabia é que as duas cidades estavam mais ou menos no mesmo meridiano, ou seja, tinham a mesma longitude. Isso é intrigante, pois, enquanto seja relativamente fácil fazer uma estimativa da latitude de um lugar, a comparação das longitudes de dois lugares diferentes é um problema bem mais complicado. Provavelmente eles achavam que as duas cidades estivessem no mesmo meridiano, porque para ir de Alexandria a Siena viajava-se diretamente na direção sul.

3.5 O trabalho de Eratóstenes

Além desses dois fatos — a distância de 800 km entre as duas cidades, e elas estarem no mesmo meridiano[1] —, dois outros fatos foram cruciais no raciocínio de Eratóstenes: devido à grande distância a que o Sol se encontra da Terra, os raios solares que chegam ao nosso planeta são praticamente paralelos (Figura 3.2); e quando o Sol mais se desviava para o norte, no chamado "solstício de verão", ao meio-dia em Siena os raios solares caíam verticalmente (o que era comprovado vendo que as cisternas ficavam totalmente iluminadas e o disco solar podia ser visto refletido no fundo delas)[2], em Alexandria eles formavam, com a vertical do lugar, um ângulo igual a 1/50 da circunferência completa. Com a medida em graus, isto equivale a dizer que esse ângulo era de 7,2°, veja:

$$\frac{7,2}{360} = \frac{72}{36 \times 100} = \frac{2}{100} = \frac{1}{50}.$$

Neste ponto entra o raciocínio de Eratóstenes, ilustrado na Figura 3.2: se a 1/50 de ângulo correspondem 800 km de arco, ao ângulo de 360° corresponderão $50 \times 800 = 40.000$ km.

[1] Isso só é verdade aproximadamente, tanto no que se refere à distância entre as duas cidades, quanto à igualdade das longitudes. Veja Alexandria e Assuã num bom mapa do Egito: Assuã, a antiga Siena, fica às margens do Lago Nasser, pouco mais de 3° a leste de Alexandria.

[2] Isto também só acontece aproximadamente. Hoje sabemos que a antiga Siena ficava uns 60 km ao norte do Trópico de Câncer, que é o paralelo de maior afastamento norte do Sol em relação ao Equador.

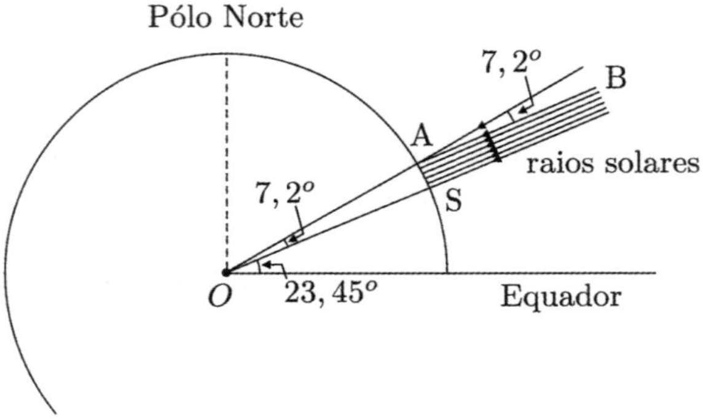

Figura 3.2

3.6 Que Matemática foi usada?

Sim, vamos rever o raciocínio de Eratóstenes para identificar os fatos matemáticos usados em seu raciocínio. Ele entendeu que o ângulo de 7,2° em Alexandria (A na Figura 3.2) é igual ao ângulo central em O, o que pressupõe que os raios solares que chegam à Terra são paralelos, em virtude da grande distância do Sol[3]. Portanto, a igualdade dos ângulos em O e A se deve ao fato de eles serem ângulos correspondentes em duas paralelas (AB e OS) cortadas pela transversal OA. O outro fato matemático utilizado é o da proporcionalidade entre arcos e ângulos: os ângulos centrais são proporcionais aos arcos que subentendem; assim, o ângulo de 7,2° está para o arco AS assim como o de 360° está para a circunferência completa.

Quando essas coisas são discutidas em sala de aula, os fatos matemáticos utilizados devem ser claramente explicados aos alunos para que eles possam apreciar a importância da Matemática. É muito necessário apresentar aplicações interessantes, como essa do cálculo do tamanho da Terra, e evitar contextualizações inúteis e contraproducentes.

3.7 Será que foi isso mesmo?

Sim, será que Eratóstenes mediu mesmo o ângulo de incidência dos raios solares? Para isso ele teria de se valer de algum aparelho, e teria de realizar uma operação meio sofisticada, difícil de ser feita com precisão. O mais provável é que ele tenha usado outro procedimento, muito mais simples. Em Alexandria certamente havia um relógio solar, com uma coluna construída bem na vertical, cujas sombras pro-

[3]No tempo de Eratóstenes, já era sabido que o Sol se encontrava a uma imensa distância da Terra.

jetadas serviam para marcar a hora do dia (Figura 3.3)[4]. Ele decerto esperou o dia do ano em que se sabia que os raios solares incidiam verticalmente em Siena ao meio-dia; e então mediu o comprimento da sombra projetada pela coluna do relógio solar em Alexandria. De posse do comprimento dessa sombra (AB na Figura 3.3) e da altura BC da coluna, seria possível desenhar um triângulo retângulo $A'B'C'$ (numa folha de papiro, com certeza), com lados $A'B'$ e $B'C'$ proporcionais aos lados AB e BC, respectivamente, do triângulo maior ABC, que também é retângulo em B. (Veja as Figuras 3.3 e 3.4.) Seria agora relativamente fácil medir o ângulo de incidência, ou seja, o ângulo $A'C'B'$ na Figura 3.4. Eratóstenes teria verificado que esse ângulo era de 1/50 da circunferência completa, ou seja, 7,2°.

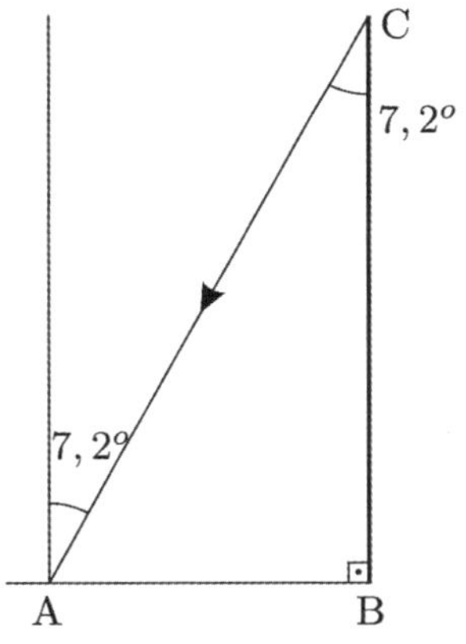

Figura 3.3

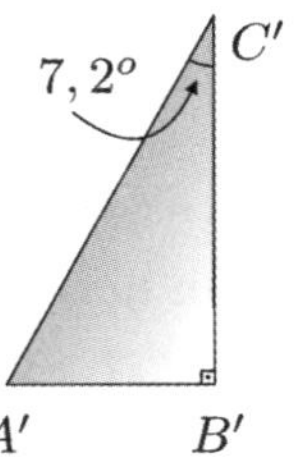

Figura 3.4

Novamente, vale a pena chamar a atenção dos alunos para a Matemática que está sendo usada. A igualdade do ângulo de incidência em A com o ângulo ACB decorre de esses ângulos serem alternos internos; e a igualdade dos ângulos ACB e $A'C'B'$ é devida à semelhança dos triângulos ACB e $A'C'B'$.

3.8 O raio da Terra

Da circunferência terrestre podemos passar ao raio da Terra sem necessidade de novas medições.

Antes de falar sobre isso, vale a pena refletir sobre a medição desse raio. Enquanto podemos pensar em medir um comprimento, mesmo diretamente, como a

[4]Nem o relógio de Sol seria necessário, bastaria um bastão, de comprimento conhecido, fincado no solo bem na vertical, instrumento esse que era conhecido como *gnomo*.

distância de Siena a Alexandria, o mesmo é absolutamente impensável no caso do raio da Terra, pois nunca houve como penetrar fundo no interior do planeta, não só na Antiguidade, mas mesmo em nossos dias. E decerto foi isso o que passou pela cabeça de meu neto quando me perguntou, manifestando estranheza: "Vovô, mas como é que se mede o raio da Terra?"

Isso deve ser lembrado para conscientizar nossos alunos da importância de um fato tão simples como a proporcionalidade entre a circunferência e o diâmetro, um fato que exprimimos com a fórmula $C = 2\pi r$, e que tem grande poder, como veremos agora, para se fazer um cálculo, sem a necessidade de novas medições. Mas não devemos mostrar essa fórmula aos alunos logo de início. Estamos diante de um fato matemático muito propício à experimentação. Os alunos devem ser levados a experimentar, valendo-se de vários tipos de circunferências: pratos, pires, rodas de bicicleta etc. Eles devem medir os comprimentos da circunferência e do diâmetro em cada caso para se certificarem de que a razão da primeira para o segundo é aproximadamente 6, o mesmo valor nos mais variados tamanhos de rodas. Depois, eles devem ser levados a trabalhar com semelhança e proporcionalidade, de maneira a chegarem mais perto de uma demonstração do seguinte fato:

A razão da circunferência para o diâmetro é uma constante em todas as circunferências.

E, enfim, serem informados de que 6,28 é um valor mais correto dessa razão, valor esse a que se chega por *demonstração.* O professor deve, ao menos, dar uma idéia dos caminhos da demonstração. Por último, lembrando que o diâmetro é duas vezes o raio, chega-se à fórmula $C = 2\pi r$, onde π é o número de valor aproximado 3,14. No caso da Terra, como $C = 40.000$ km, calcula-se $r = C/2\pi \approx 6.370$ km.

3.9 Os números de Eratóstenes e os de hoje

Eratóstenes utilizou o valor de 5.000 estádios para a distância entre Siena e Alexandria, dando para a circunferência terrestre o valor

$$C = 50 \times 5000 = 250.000 \text{ estádios.}$$

Comparado com $C = 40.000$ km, isso daria para o estádio o valor de 160 metros. Teria sido realmente esse o valor do estádio usado por Erastóstenes? Esta é uma questão que, provavelmente, nunca será devidamente esclarecida, pois, ao que parece, havia vários estádios em uso naquele tempo nas diferentes localidades do mundo helenístico; e não se sabe ao certo qual deles Eratóstenes teria adotado. Mesmo que fosse o estádio olímpico, de aproximadamente 185 metros, ele teria obtido como resultado o valor

$$C = 250.000 \times 0,185 = 46.250 \text{ km}, \qquad (1)$$

nada mal comparado com o valor mais correto de 40.000 km.

Nos dois casos, o raio da Terra pode ser calculado pela fórmula $C = 2\pi R$. Lembrando que $\pi \approx 3,14$, isso nos dá, respectivamente,

$$R \approx 6.369 \text{ km} \quad e \quad R \approx 7.365 \text{ km}.$$

O primeiro desses valores é mais correto que o segundo, pois sabemos hoje que o raio da Terra varia de 6.378 km no Equador a 6.356 km nos polos (a Terra é achatada nos polos). Mesmo assim, seria muito de admirar se fosse $R = 7.365$ km o valor encontrado por Eratóstenes há mais de 22 séculos.

3.10 O cálculo de Posidônio

Já dissemos que Eratóstenes viveu no século terceiro a.C., provavelmente entre 284 e 192 a.C., dizem os historiadores mais abalizados. Portanto, era pouco mais jovem que Arquimedes (287–212 a.C.). Ele não foi o primeiro a se preocupar com a medida do tamanho da Terra. Como já dissemos, Aristóteles (384–322) e Arquimedes fazem referências a outras estimativas. Mas eles não explicam de onde provêm suas informações, por isso mesmo esses eventuais cálculos anteriores a Eratóstenes não são levados em conta.

Há um cálculo, posterior a Eratóstenes, que merece ser lembrado aqui. Ele é devido a Posidônio (135–51 a.C.), que viveu a maior parte de sua vida adulta no primeiro século a.C. Seu cálculo do tamanho da Terra baseia-se em dois fatos importantes, um dos quais era a distância de Alexandria à ilha de Rodes (veja o mapa da Figura 3.5). Essa distância era mais ou menos conhecida dos navegadores da época, que supunham também que esses locais ficassem aproximadamente no mesmo meridiano. Outro dado utilizado por Posidônio foi a variação angular da altitude máxima da estrela Canopus, que é a estrela Alfa da constelação Carina, a estrela mais brilhante[5] no céu após a estrela Sirius. Para quem olha para o Sul, Carina, que também se parece com uma cruz, pode ser observada à direita do Cruzeiro do Sul, entre o Cruzeiro e as Três Marias. É fácil fazer a observação por volta das 8 horas da noite nos meses de março, abril e maio.

No Hemisfério Norte, como é o caso de Alexandria, Canopus só é vista muito baixa no horizonte; e atinge altitude máxima de 7°. À medida que um observador se desloca para o Norte, em direção a Rodes, a altitude máxima dessa estrela vai

[5] Quando falamos em "estrela mais brilhante" estamos, evidentemente, excluindo os planetas, principalmente Vênus, Júpiter e Saturno.

diminuindo, até atingir o valor zero em Rodes.

Conhecendo essa variação angular $\alpha = 7°$, além do comprimento do arco de meridiano AS, entre Alexandria e Rodes, Posidônio calculou a circunferência terrestre de maneira análoga àquela utilizada por Eratóstenes.

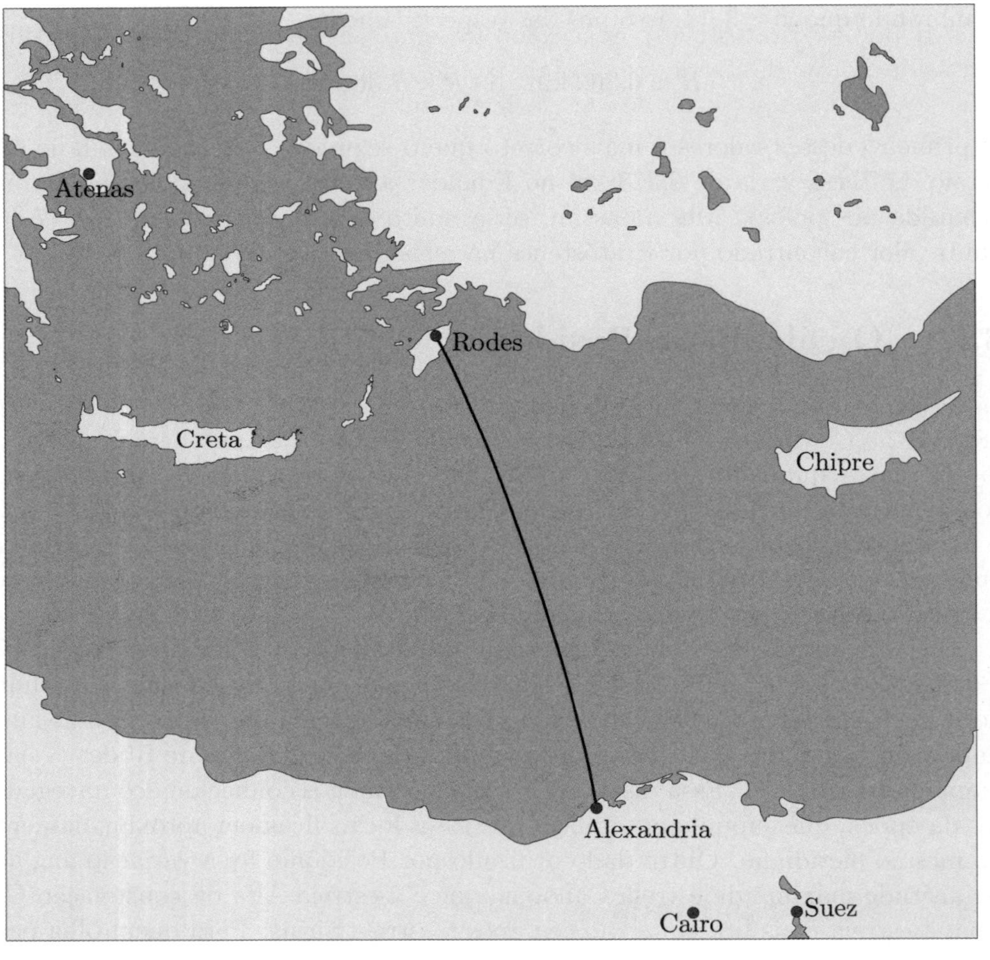

Figura 3.5

Muitos outros cálculos do tamanho da Terra foram realizados, tanto antes de Eratóstenes e Posidônio como em séculos posteriores; e todos eles sempre usando a mesma ideia de medir o comprimento de algum meridiano terrestre. Das medidas anteriores a esses dois sábios só temos vagas notícias, sem informações necessárias para bem julgar os resultados.

3.11 Eratóstenes, Ptolomeu e Cristóvão Colombo

O cálculo do tamanho da Terra aparece num livro de Ptolomeu sobre Geografia, livro esse que foi muito usado no tempo das grandes navegações. Por razões não bem esclarecidas até hoje, ou Ptolomeu utilizou um cálculo do raio terrestre diferente do que fez Eratóstenes, ou registrou um estádio de outro comprimento que o do tempo de Eratóstenes. Seja como for, em sua Geografia Ptolomeu utiliza um valor do raio da Terra que está abaixo do valor fornecido por Eratóstenes. E apresenta um mapa do mundo então conhecido, o qual contém mais dois erros importantes: a largura Leste-Oeste do Mar Mediterrâneo está exageradamente grande, bem como a largura Leste-Oeste da Ásia. Em consequência desses três erros, a distância do Oeste europeu (Espanha, Portugal) ao Leste asiático (Japão, Coréia), para quem navegasse pelo Oceano Atlântico em direção oeste, seria bem mais curta do que realmente é. Cristóvão Colombo valeu-se disso para convencer os reis de Espanha de que sua viagem às Índias seria viável. Sua sorte foi estar errado em pensar que não havia terra em seu caminho, pois, se isso fosse verdade ele teria perecido.

É interessante notar que razões de ordem técnica — ao menos em parte — levaram Portugal a não aprovar a proposta de Colombo. Com efeito, os especialistas portugueses encarregados de julgar essa proposta constataram corretamente que a distância a ser percorrida na viagem seria muito mais longa do que Colombo previa, sendo impossível levar víveres e água em quantidades suficientes para toda a viagem.

Cabe lembrar aqui que os portugueses tinham adquirido grande experiência com as navegações ao longo da costa africana e já haviam acumulado muito conhecimento em seus estudos náuticos durante quase todo o século XV. Portanto, eles já deviam ter corrigido os erros dos mapas de Ptolomeu e do raio da Terra, coisas que muito provavelmente guardassem em segredo, dada a competição com a Espanha e outros países nos misteres da navegação.

3.12 Palavras finais

Os tópicos aqui tratados ilustram muito bem o grande poder do raciocínio matemático na construção do conhecimento. Com efeito, saber o tamanho da Terra, sem dúvida, foi uma das mais notáveis descobertas da Antiguidade. Embora essa descoberta tenha acrescentado muito ao conhecimento que o ser humano tinha do mundo a seu redor, mesmo assim esse mundo era ainda muito pequeno, se comparado com o que dele sabemos hoje. E essa situação perdurou até muito recentemente, pois foi só a partir de meados do século XIX que a ciência foi expandindo esse conhecimento, levando-nos a saber das distâncias das estrelas, das galáxias, dos buracos negros etc. e de toda a imensidão do Universo. E também tudo isso só foi conseguido com a imprescindível ajuda do conhecimento matemático.

A apresentação dos fatos matemáticos de maneira contextualizada é importante, mas tem de ser feita de modo interessante e motivador. Entretanto, muitas vezes o que ensinamos não oferece oportunidade de contextualização imediata, mas é o começo de um encadeamento progressivo, que vai acabar em resultados importantes em aplicações. Não podemos insistir na contextualização de fatos isolados, um aqui, outro acolá. Mais interessante é a aplicação de vários fatos juntos, como vimos aqui. Observe que no cálculo de Eratóstenes intervêm dois fatos juntos, o das paralelas cortadas por uma transversal e o da proporcionalidade entre arcos e ângulos, que, utilizados conjuntamente, adquirem importância decisiva no cálculo. Depois, pudemos falar, conjuntamente, desse cálculo de Eratóstenes, da Geografia de Ptolomeu e da saga de Colombo. Tudo está interligado, não de maneira artificial e pobre como em muitos exageros de certas contextualizações forçadas, que mais prejudicam do que ajudam no bom ensino da Matemática.

Mais uma observação importante: quem tem de falar de aplicações da Matemática a outros domínios científicos é o próprio professor de Matemática. Nada de pensar que a parte histórica é lá com o professor de História. Isso significaria fragmentar o conhecimento em compartimentos estanques. Todo professor, seja de Matemática, ou de História, Geografia, Física etc., tem de se preparar para ir além das estritas fronteiras de sua disciplina. Assim, um professor de Física geralmente ensina os conceitos e operações com vetores, tópico raramente tratado na Matemática do ensino médio. Nada de errado nisso. O professor de Geografia ou História também pode (e deve) falar de Eratóstenes, de seu cálculo e das implicações disso. Não faz mal que uma disciplina repita uma lição muito parecida de outra, é até salutar que isso aconteça para maior proveito dos alunos. E com esse procedimento os professores estarão promovendo a tão desejada integração do conhecimento de maneira harmoniosa e orgânica.

Capítulo 4

Aristarco e as distâncias astronômicas

4.1 Introdução

No presente capítulo trataremos de Aristarco (aprox. 310–230 a.C.), um ilustre astrônomo da Antiguidade que nos deixou um livro muito interessante sobre o cálculo das distâncias do nosso planeta à Lua e ao Sol, bem como sobre o tamanho desses dois corpos celestes. Como Eratóstenes, Aristarco pertenceu à Escola de Alexandria, mas viveu algumas dezenas de anos antes de Eratóstenes. Voltaremos a falar de outros seus feitos importantes no Capítulo 14 (p. 116), que, juntamente com o que vamos descrever aqui, dão-lhe a distinção de ter sido o maior astrônomo dos dois séculos em que viveu. Podemos dizer que Aristarco, Hiparco (séc. II a.C.) e Ptolomeu (séc. II d.C.) foram os três maiores astrônomos de Alexandria.

4.2 Aristarco e a distância ao Sol

Aristarco foi o primeiro grande astrônomo de Alexandria. Ele era originário de Samos (veja o mapa da Figura 5.1 na p. 39), a mesma ilha donde viera Pitágoras no século VI a.C.

Aristarco encontrou um modo muito simples e, ao mesmo tempo, bastante engenhoso para comparar as distâncias da Terra ao Sol e da Terra à Lua. Mas antes de explicar seu raciocínio, procuremos entender por que o Sol está mais longe da Terra do que a Lua.

O professor tem aqui uma excelente oportunidade de estimular seus alunos a descobrir por conta própria um fato muito significativo na construção do conhecimento. Em primeiro lugar, os alunos devem explicar por que o Sol está mais longe da Terra do que a Lua. Para isso eles devem observar o movimento da

Lua ao longo do mês, notando sua passagem por suas várias fases. Eles decerto vão descobrir, por conta própria, que a Lua está mais perto de nós do que o Sol. De fato, começando com lua cheia, a luminosidade lunar vai diminuindo progressivamente, passando por quarto minguante até chegar a lua nova[1]. Isso significa que a Lua vai se interpondo progressivamente entre o Sol e a Terra, portanto, está mais perto de nós do que o Sol. Às vezes, ao chegar a lua nova ocorre um eclipse solar, o que é prova cabal de que a Lua está "do lado de cá do Sol".

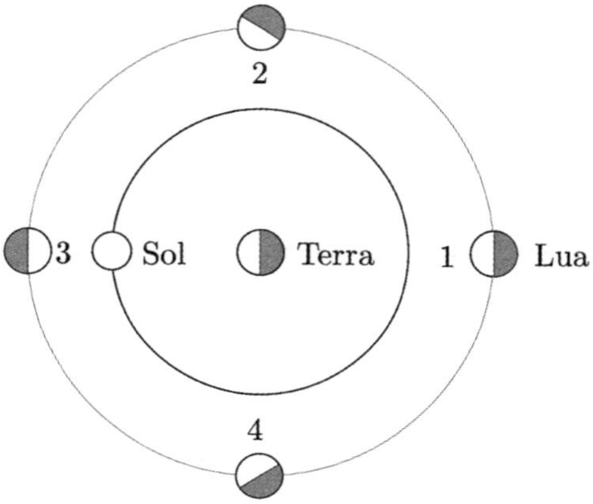

Figura 4.1

Outro modo de certificar-se de que o Sol está mais distante de nós do que a Lua consiste em supor o contrário. O que veríamos no céu se a Lua estivesse mais longe de nós do que o Sol? Ela seria vista aqui da Terra sempre iluminada diretamente pelo Sol, como ilustra a Figura 4.1, e nunca haveria lua nova. E haveria lua cheia duas vezes no ciclo lunar, nas posições 1 e 3, esta última em pleno meio dia! Ora, isso nunca acontece.

[1]Há um fenômeno interessante que ocorre na passagem da lua nova que vale a pena mencionar aqui: a face da Lua que está voltada para a Terra, embora não receba luz direta do Sol, apresenta-se levemente iluminada. Como pode ser isso? A explicação, dada pela primeira vez pelo sábio renascentista Leonardo da Vinci (1452–1519), é curiosa e interessante: a luz do Sol, refletida pela Terra, reflete-se novamente na Lua e volta à Terra. Assim, aquela fraca iluminação do disco lunar numa lua nova é proveniente da Terra por reflexão na Lua! Pode-se constatar que tal iluminação está ausente mesmo pouco antes do quarto crescente ou pouco depois do quarto minguante.

4.3 A brilhante ideia de Aristarco

Muitas pessoas pensam que as ideias geniais costumam ser profundas e complicadas. Frequentemente, elas são é simples; tanto que muitas vezes nós mesmos, comuns mortais, nos surpreendemos exclamando: "Mas como que eu não pensei nisso antes"?!

Reflita um pouco, caro leitor, e tente entender por que o Sol está muitíssimo mais distante da Terra do que a Lua. Mas não se sinta frustrado se você não perceber o exato porquê, pois a ideia que teve Aristarco para chegar a essa conclusão é considerada por autores abalisados como uma das mais notáveis da história da ciência.

Aristarco observou a Lua em quarto crescente ou quarto minguante, quando ela é vista metade escura e metade iluminada (Figura 4.2). Fazendo a observação exatamente ao nascer ou ao pôr do Sol, constatamos que ela está quase na vertical acima de nossas cabeças.

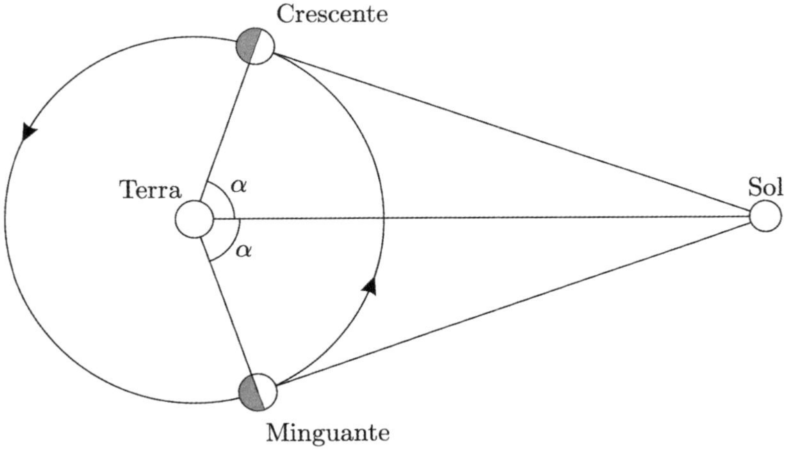

Figura 4.2

Vamos fazer um desenho, representando o observador terrestre por T, o centro da Lua por L e o centro do Sol por S (Figura 4.3). Obtemos um triângulo LST, que é retângulo em L[2], e cujo ângulo α estará muito próximo de 90°. Esta constatação já é suficiente para nos fazer ver que o Sol está muito mais longe de nós do que a Lua. Ao contrário, o ângulo α seria bem menor.

Sendo α muito próximo de 90°, o ângulo β será muito próximo de zero, pois esses dois ângulos são complementares. Aristarco achou para α um valor

[2]Isto porque a reta LS é perpendicular ao plano que passa pelo observador terrestre e separa, na Lua, o hemisfério iluminado do hemisfério escuro.

próximo de 87°. Desenhando então um triângulo semelhante ao triângulo TSL, podemos constatar que o lado TS é aproximadamente 20 vezes o lado TL. Mas Aristarco não procedeu dessa maneira; ou melhor, pode até ter procedido, mas o que escreveu em seu livro foi algo bem diferente e muito mais teórico, no contexto da geometria dedutiva[3], ou seja, a distância da Terra ao Sol é aproximadamente 20 vezes a distância da Terra à Lua.

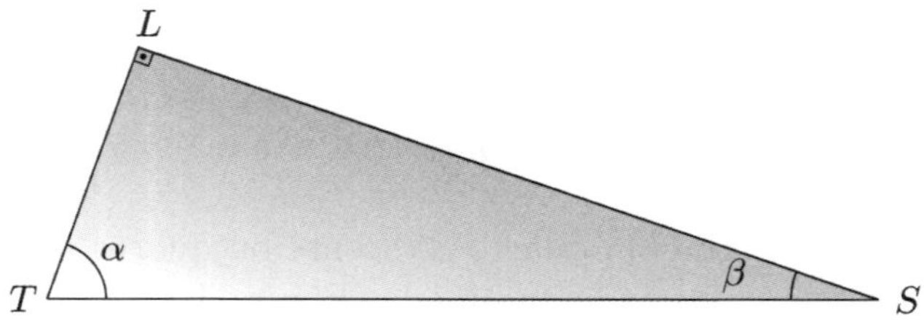

Figura 4.3

4.4 Que Matemática foi usada?

Sim, vale a pena examinar essa questão, para que os alunos vejam com clareza os fatos matemáticos que estão sendo utilizados. Utilizamos o fato de que *a soma dos ângulos internos de um triângulo é* 180° para concluir que α e β são ângulos complementares; ou ainda, que o ângulo α determina toda uma classe de triângulos retângulos semelhantes entre si.

Aprecie aqui, professor, a importância do conceito de semelhança de triângulos (e responda a seus alunos a pergunta que eles sempre fazem: professor, para que serve esse negócio de semelhança de triângulos?). Uma vez conhecido um desses triângulos (como TSL), a razão TS/TL é a mesma em todos eles. Isso significa que, impossibilitado de medir essa razão no enorme triângulo astronômico original, Aristarco decerto desenhou um triângulo a ele semelhante, num pedaço de papiro ou mesmo na areia (como um antigo José de Anchieta escrevendo nas areias de Peruíbe); e nesse triângulo pequeno ele poderia medir as distâncias TL e TS, e comprovar que TS é aproximadamente $20\,TL$.

4.5 Será que Aristarco mediu o ângulo α?

Essa é outra questão interessante, que pode mesmo ocorrer a um aluno mais atento. Naquela época eles não possuíam instrumentos precisos de medição.

[3]Em verdade, o que ele afirma é o que hoje dizemos assim: TS/TL é um número que está compreendido entre 18 e 20.

Mesmo com instrumentos, não é fácil saber o momento exato em que a Lua está apenas metade iluminada. Para medir o ângulo, seria preciso observar isto, ao nascer ou ao pôr do sol. O professor pode sugerir que seus alunos façam essas observações.

Na verdade, Aristarco nem precisava medir esse ângulo. Ele poderia calculá-lo por uma proporção simples. Basta observar o tempo gasto pela Lua para completar uma volta em torno da Terra e o tempo gasto para ir de minguante a crescente. Aristarco teria observado que o ciclo lunar dura 29,5 dias; e que a passagem de minguante a crescente (observe a Figura 4.2) dura cerca de 14,25 dias, um dia a menos que a passagem de crescente a minguante. Este último fato também não pode ser comprovado após uma única observação, seria preciso fazer várias observações e calcular o valor médio delas (uma boa tarefa como projeto para os alunos fazerem durante o semestre. O professor poderia até dividir a classe em pequenos grupos para fazer as observações e os cálculos, que deveriam ser comparados entre os grupos ao final do semestre ou do ano letivo). Admitidos corretos os dados anteriores, temos a seguinte proporção:

$$\frac{360}{29{,}5} = \frac{2\alpha}{14{,}25},$$

donde se obtém $\alpha \approx 86,95^\circ \approx 87^\circ$.

Observação 1. O resultado de Aristarco está muito longe do valor correto, pois hoje sabemos que o Sol está cerca de 400 vezes mais distante da Terra que a Lua. Em consequência disso, o ângulo α está muito próximo de 89,86°; portanto, muito perto de 90°. Mas isso não empana o mérito de Aristarco, pois o que mais engrandece sua obra é a ideia que ele teve para comparar a distância da Terra ao Sol com a distância da Terra à Lua.

Observação 2. Outra coisa a observar é que o que fazemos hoje em dia não é desenhar o triângulo semelhante TSL e medir seus lados, mas recorrer a uma tabela de valores da razão TL/TS. De fato, é frequente a ocorrência de cálculos de um lado de um triângulo retângulo em termos do outro, de sorte que é muito conveniente construir tabelas que possam ser usadas sempre que surgir a necessidade. Está aqui uma boa motivação para a trigonometria. A razão TL/TS é, por definição, o seno do ângulo β; portanto, podemos escrever:

$$\frac{TL}{TS} = \operatorname{sen}\beta, \quad \text{donde} \quad TS = \frac{TL}{\operatorname{sen}\beta}.$$

Agora é só substituir aí o valor do seno, obtido numa tabela, para calcular TS em termos de TL. Melhor ainda do que fazíamos há décadas, o cálculo pode ser feito facilmente com uma calculadora científica. Mas falta um detalhe: necessitamos do valor de TL para calcular TS e até agora não dissemos como se obtém essa grandeza. Explicaremos como se pode obtê-la um pouco mais adiante, depois da próxima seção.

4.6 Tamanhos angulares do Sol e da Lua

Uma interessante coincidência que nos proporciona a Natureza é o fato de o Sol e a Lua terem o mesmo tamanho angular. Em outras palavras, como ilustra a Figura 4.4, o ângulo 2γ, sob o qual vemos a Lua, é o mesmo sob o qual vemos o Sol. A própria Natureza nos poupa de fazer qualquer medida, pois ela exibe a coincidência exata dos dois discos, solar e lunar, num eclipse total do Sol[4].

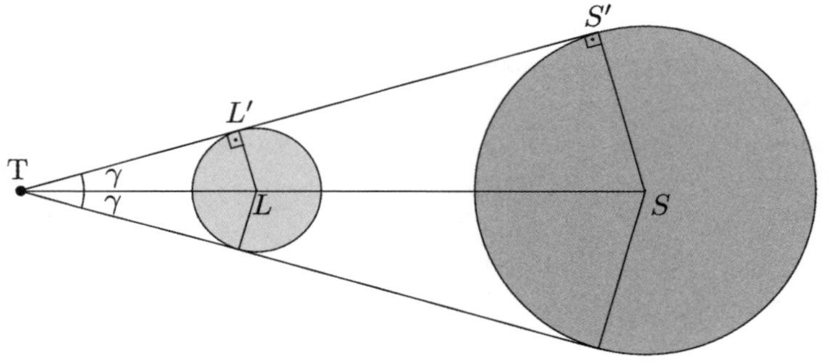

Figura 4.4

Aristarco estimou o ângulo 2γ como sendo $2°$ quando, na verdade, ele é de cerca de $0{,}5°$. Mas essa discrepância, como o leitor notará no raciocínio a seguir, não altera o resultado que vamos obter, baseado na semelhança dos triângulos retângulos TLL' e TSS'. Essa semelhança permite escrever

$$\frac{SS'}{LL'} = \frac{TS}{TL}.$$

Isso significa que os raios do Sol e da Lua, SS' e LL' respectivamente, estão entre si como as distâncias da Terra ao Sol e à Lua, respectivamente TS e TL. Como a razão dessas duas últimas distâncias é conhecida, o mesmo é verdade da razão SS'/LL'. Segundo Aristarco, essas razões são iguais e estão compreendidas entre 18 e 20.

[4]Ao contrário dos eclipses da Lua, um eclipse do Sol só é observável em sua forma de eclipse total em poucas localidades da Terra.

4.7 Resumo dos resultados

Para explicar os resultados de Aristarco, é conveniente introduzir a seguinte notação:

$$\begin{aligned}D_S &= \text{distância da Terra ao Sol;}\\ D_L &= \text{distância da Terra à Lua;}\\ R_S &= \text{raio do Sol;}\\ R_L &= \text{raio da Lua.}\end{aligned}$$

Vamos também indicar com R_T o raio da Terra, e introduzir os parâmetros a e b assim definidos (veja a Figura 4.4 para entender a igualdade das razões R_S/D_S e R_L/D_L):

$$a = \frac{R_S}{D_S} = \frac{R_L}{D_L}; \quad b = \frac{D_S}{D_L}.$$

Para Aristarco, como já vimos, $b \approx 20$. Para obter o parâmetro a, como o ângulo γ era conhecido, ele teria de medir os lados SS' e TS no triângulo TSS' (Figura 4.4). Para nós, hoje, a razão SS'/TS é o que chamamos de seno do ângulo γ, de sorte que $a = \operatorname{sen}\gamma$. Ele completou a determinação das grandezas D_T, D_L, R_S e R_L em termos do raio da Terra R_T, valendo-se de um eclipse da Lua. O que ele fez — e que está explicado no Apêndice adiante — permite escrever:

$$\begin{aligned}D_L &= \frac{3(b+1)R_T}{11ab};\\ D_S &= bD_L = \frac{3(b+1)R_T}{11a};\\ R_S &= abD_L = \frac{3(b+1)R_T}{11};\\ R_L &= aD_L = \frac{3(b+1)R_T}{11b}.\end{aligned}$$

Com os dados de Aristarco,

$$D_L \approx 16{,}8R_T, \quad D_S \approx 337R_T, \quad R_S \approx 5{,}7R_T, \quad R_L \approx 0{,}29R_T.$$

Ao contrário, com valores mais corretos para os ângulos β e γ, obtemos resultados bem mais próximos dos valores modernos:

$$D_L \approx 62R_T, \quad D_S \approx 24855R_T, \quad R_S \approx 109R_T, \quad R_L \approx 0{,}27R_T.$$

4.8 Falta esclarecer

Vimos que Aristarco necessitou do raio da Terra para seus cálculos das distâncias da Terra à Lua e ao Sol. No entanto, o raio da Terra, pelo que sabemos, foi calculado por Eratóstenes, depois de Aristarco. Mas, como já dissemos no capítulo anterior, outros sábios, antes de Eratóstenes e Aristarco, calcularam o raio da Terra. O problema é que só sabemos disso por vagas referências, sobretudo em Aristóteles e Arquimedes. As próprias distâncias da Terra à Lua e ao Sol foram calculadas — ou, pelo menos, grosseiramente avaliadas — antes desses sábios, mas disso não temos informações precisas.

Os resultados descritos no presente capítulo estão num livro de Aristarco intitulado *Sobre o tamanho e distâncias do Sol e da Lua.* Esse livro chegou até nossos dias, e dele há uma excelente edição, sob o título *Aristarcus of Samos*, editada e comentada pelo eminente historiador da ciência Thomas L. Heath (1861–1940).

.

4.9 Apêndice: A utilidade de um eclipse da Lua

Vamos descrever o raciocínio de Aristarco na observação de um eclipse da Lua, quando este satélite atravessa o cone de sombra da Terra (Figura 4.5). Usaremos, naturalmente, a notação moderna, de que Aristarco não dispunha.

Pelo tempo gasto pela Lua para atravessar o cone de sombra da Terra, Aristarco calculou o diâmetro desse cone na altura da Lua — LD na Figura 4.6 — como sendo $8/3$ do diâmetro da Lua.

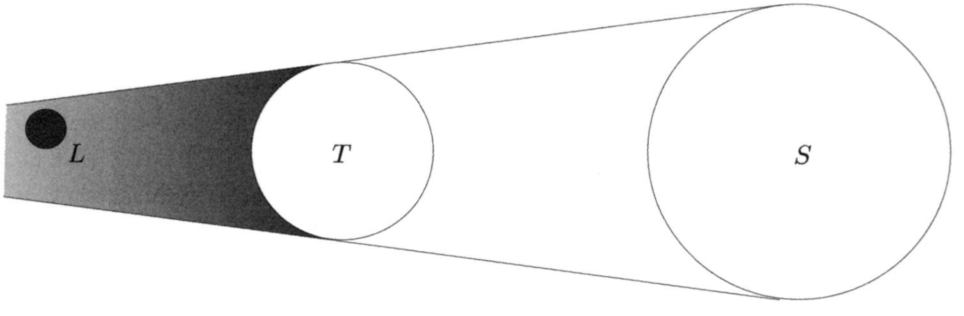

Figura 4.5

Na Figura 4.6, L, T e S são os centros da Lua, da Terra e do Sol, respectivamente; $LD = R_L$, $TC = R_T$ e $SA = R_S$ são os respectivos raios. De acordo com Aristarco, $LD = 8R_L/3$. Da semelhança dos triângulos DFC e CEA resulta $CF/DF = AE/CE$. Observe que

$$CF = TC - TF = R_T - LD = R_T - 8R_L/3, \quad DF = D_L,$$

$$AE = AS - SE = R_S - R_T, \quad CE = D_S.$$

Substituindo esses valores na proporção anterior, obtemos

$$\frac{R_T - 8R_L/3}{D_L} = \frac{R_S - R_T}{D_S}.$$

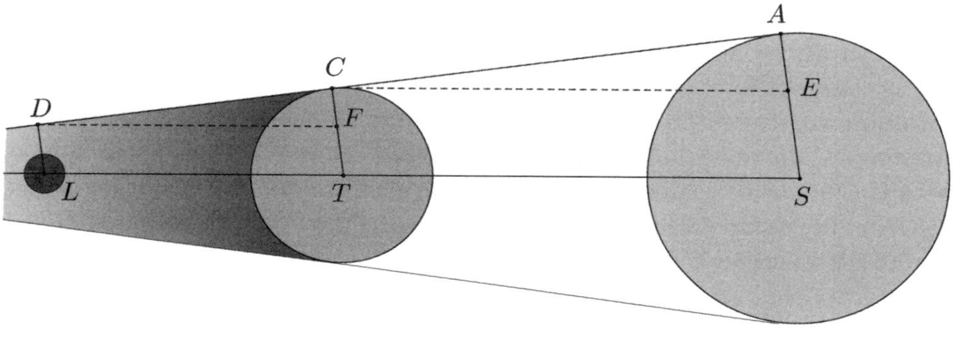

Figura 4.6

Por outro lado, já sabemos que

$$D_S = bD_L, \quad R_S = aD_S = abD_L, \quad R_L = aD_L,$$

de sorte que a igualdade anterior pode ser escrita assim:

$$\frac{R_T - 8aD_L/3}{D_L} = \frac{abD_L - R_T}{bD_L},$$

donde

$$\frac{R_T}{D_L} - \frac{8a}{3} = a - \frac{R_T}{bD_L},$$

que também se escreve

$$(1 + 1/b)\frac{R_T}{D_L} = 11a/3, \quad \text{donde} \quad D_L = 3(b+1)R_T/11ab.$$

Então

$$D_L = \frac{3(b+1)R_T}{11ab}, \quad D_S = bD_L = \frac{3(b+1)R_T}{11a},$$

$$R_S = abD_L = \frac{3(b+1)R_T}{11}, \quad R_L = aD_L = \frac{3(b+1)R_T}{11b},$$

que são os quatro valores registrados anteriormente.

Capítulo 5

Alexandria e a Biblioteca

5.1 Introdução

Nos dois capítulos anteriores falamos de fatos relacionados à Escola de Alexandria. Essa escola foi o mais admirável centro de estudos da Antiguidade. Nela floresceram ilustres sábios, que desenvolveram grande parte da Matemática, da Astronomia e de vários outros ramos científicos, inclusive as ciências aplicadas, como a Engenharia e a Medicina. Alí se cultivavam também a Filosofia, as Letras e as Artes. Por essas razões, é conveniente que dediquemos o presente capítulo a esse notável centro do saber antigo.

5.2 Alexandre Magno

A civilização grega, que floresceu desde uns 2.000 anos a.C. até aproximadamente 340 a.C., foi uma das mais admiráveis em toda a História da humanidade. Nessa civilização estão as raízes da nossa própria civilização, a chamada *Civilização Ocidental*, que se espalha por toda a Europa, as Américas, a Oceania e parte da Ásia. Na Antiguidade, a civilização grega teve continuidade na civilização helenística que resultou das conquistas de Alexandre.

Atenas foi o centro mais brilhante do mundo helênico, alcançando seu apogeu no tempo de Péricles, no século V a.C. Mas a rivalidade entre as várias cidades-estado gregas, notadamente Atenas e Esparta, e as guerras entre essas duas cidades, acabaram levando ambas e todas as demais a verdadeira ruína e decadência.

No século seguinte crescia o poderio da Macedônia, na parte norte do que era a Grécia daquela época. (Veja o mapa da Figura 5.1.) Felipe II, rei dessa província, estendeu seus domínios sobre toda a Grécia e planejava retomar as colônias gregas da Ásia Menor, que eram continuamente molestadas pelos persas.

Mas esse rei morreu antes de realizar seu plano, deixando a tarefa para o filho, aquele que viria a ser conhecido até os dias de hoje como Alexandre Magno ou Alexandre, o Grande.

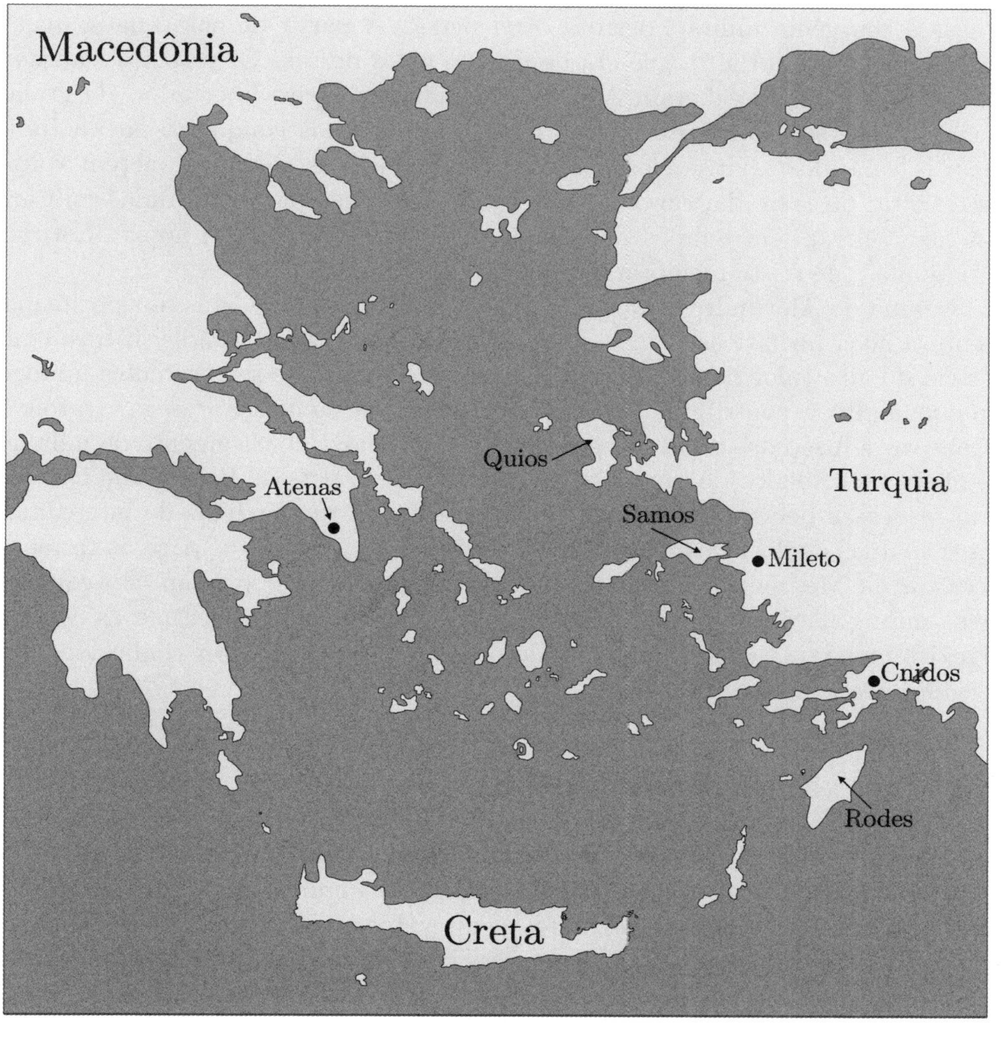

Figura 5.1

Alexandre (356–323 a.C.) foi discípulo de Aristóteles (384–322), dos 13 aos 16 anos de idade, e com certeza aprendeu muito com o grande sábio e filósofo, a quem, mais tarde, iria escrever: *Eu preferiria muito mais suplantar os outros pelo conhecimento daquilo que é excelente do que pelo poder e pelo domínio.*

Em 336 a.C., aos 20 anos de idade, Alexandre assume o poder e inicia a execução do plano arquitetado pelo pai. Mas não se contenta somente com as ideias originais de Felipe II; avança em direção leste para enfrentar o rei dos persas. Sua primeira grande vitória ocorre na batalha de Issos, em território do que é hoje a Turquia. Aí, contando com forças muito inferiores às de Dario III, mas graças a seu gênio militar, derrota o rei persa. A partir de então nada mais o detém; chega até o Egito, que era dominado pelos persas. Os egípcios, cansados do domínio persa, receberam Alexandre como verdadeiro libertador. O grande general torna-se novamente para o leste, levando suas conquistas até a Índia. Mas, já cansados e vitimados por uma epidemia, seus soldados querem voltar. Essa volta, ou retirada, revela-se tão penosa como as piores retiradas militares que aconteceram em tempos anteriores ou posteriores, como a nossa "Retirada de Laguna", de triste memória da Guerra do Paraguai.

A fama de Alexandre se deve, não somente a suas conquistas, mas principalmente a suas iniciativas civilizadoras. Homem de grande visão, ele teve consciência do alto valor da civilização persa. Percebendo que seus recentes inimigos tinham muito a contribuir, ao lado da riqueza da civilização grega, tratou de incentivar a fusão das duas. Nesse sentido ele promoveu o casamento de milhares de oficiais e soldados de seu exército com mulheres persas. Ele mesmo casou-se com princesas persas. Ao mesmo tempo tomou outras medidas de intercâmbio entre as duas civilizações, promovendo a ida de colonos gregos para as terras da Pérsia e da Mesopotâmia, e incentivando um fluxo inverso. Em consequência dessa miscigenação de povos, ocorria a fusão entre a cultura grega e as culturas preexistentes no Oriente Médio, dando origem ao que veio a ser conhecido como a *civilização helenística*.

5.3 Alexandria e o Museu

Quando Alexandre chegou ao Egito, a capital estava em Mênfis, um pouco ao sul da atual cidade do Cairo, como se vê no mapa da Figura 3.1, p. 20. Ele resolveu construir uma nova cidade na costa mediterrânea, que permitisse fácil comunicação com os vários centros importantes do Mediterrâneo e com a Macedônia. E para isso escolheu um local na parte oeste do delta do rio Nilo, atrás da ilha de Faro[1], onde pudesse contar com um porto espaçoso, de águas profundas e bem protegido do mar e dos fortes ventos do Leste. Mas Alexandre morreu em 323 a.C. na Babilônia, antes de ver concluída a construção de Alexandria, a cidade que viria a ser a nova capital do Egito e o grande centro comercial e cultural do império que ele fundara.

[1]O nome dessa ilha daria origem ao nome "farol", pois nela foi erigida uma construção imensa para abrigar um farol em seu topo, uma das sete maravilhas do mundo antigo, que foi posteriormente destruída por um terremoto. Dele não há sequer vestígios.

Com a morte de Alexandre, seu império foi dividido com três de seus generais. A parte egípcia ficou com Ptolomeu[2], que mais tarde adotaria o título de "Soter", que significa "Salvador". Com Ptolomeu Soter teve início a dinastia dos Ptolomeus, que governaria o Egito por quase três séculos, terminando com Cleópatra[3] e a chegada dos romanos. E foi sob os três primeiros Ptolomeus, especialmente, que Alexandria tornou-se o mais importante centro do saber antigo.

Ptolomeu Soter revelou-se de grande visão e à altura de continuar os planos de Alexandre. Muito bem assessorado por homens lúcidos e sábios, ele concebeu a ideia de fundar em Alexandria um grande centro de estudos, que suplantasse todos os do passado. De fato, centros de estudos já haviam existido antes: Tales fundara um desses em Mileto, e Pitágoras fizera algo parecido no sul da Itália; Platão fundara sua Academia em Atenas, e Aristóteles, o Liceu. Frequentemente esses centros eram fraternidades, às vezes sociedades semissecretas, como a de Pitágoras. O centro de estudos concebido por Ptolomeu Soter era dedicado às "musas", as deusas das ciências e das artes, e por isso passou a chamar-se "Museu", construído por volta de 290 a.C.

Alguns autores costumam dizer que o Museu foi a primeira universidade de que se tem notícia na História. Na verdade, ele era muito mais parecido com o que hoje chamamos de "Centro de Altos Estudos" ou "Instituto de Estudos Avançados" do que com qualquer das universidades que começaram a surgir na Europa do século XII, evoluíram e se espalharam pelo mundo, desde então. E também não tinha qualquer semelhança com o que hoje chamamos de "museu".

O Museu patrocinava renomados sábios em todos os ramos do conhecimento, para que pudessem se dedicar inteiramente a seus estudos e investigações, sem preocupações materiais. E para isso ele oferecia até alojamentos e refeitórios para seus membros.

Ao lado do Museu foi construída uma rica biblioteca, não se sabe ao certo se no próprio Museu, anexo a ele, ou em prédio separado. O Museu e a Biblioteca enriqueceram sobremaneira a cidade de Alexandria, tornando-a famosa em todo o mundo então conhecido. Há uma bela ilustração de como teria sido uma das salas do Museu no livro *Cosmos*, do astrônomo Carl Sagan (1934–1962). Esse livro foi publicado no Brasil pela Editora da Universidade de Brasília.

Em pouco tempo após sua fundação, Alexandria superava as grandes cidades da época, como Esmirna, Antioquia, Éfeso, Nicéia ou Atenas. Era uma cidade magnífica, com largas avenidas, parques, um porto bastante movimentado, intenso comércio e muitos centros de lazer. Além de tudo isso, o Museu e a Biblioteca contribuíam para fazer dessa cidade a grande atração do mundo daquela época, que se estendia do Egito à Mesopotâmia, da Pérsia à Grécia, à Macedônia

[2]Nada a ver com Cláudio Ptolomeu, o astrônomo.

[3]Ou Cleópatra VII, já que outras Cleópatras existiram antes dela no trono egípcio.

e ao sul da Itália.

5.4 Eratóstenes e a Biblioteca

Ptolomeu Soter foi sucedido no trono por Ptolomeu Filadelfo; e este foi seguido por Ptolomeu Euergates ou Ptolomeu III, que reinou no período de 246 a 222 a.C. Como já dissemos no Capítulo 3, foi este último que trouxe Eratóstenes para ser o tutor de seu filho e dirigir a Biblioteca de Alexandria; e foi com Eratóstenes que essa biblioteca cresceu enormemente, atingindo a cifra de 480.000 obras. O rei não só mandava adquirir manuscritos onde eles pudessem ser encontrados, como também valia-se de outro expediente bastante eficaz para enriquecer a Biblioteca: todo viajante que chegasse a Alexandria era revistado à procura de manuscritos. O mesmo era feito com as caravanas e navios que ali aportavam. Todos os manuscritos assim encontrados eram sequestrados e levados para a Biblioteca, onde eram copiados; e, em geral, os originais ficavam retidos e as cópias é que eram devolvidas aos ("antigos"...) proprietários dos originais! Conta-se que a Biblioteca chegou a possuir cerca de 700.000 obras.

5.5 Destruições da Biblioteca

A Biblioteca de Alexandria sofreu várias destruições ao longo do tempo, a primeira delas por um incêndio no tempo de Júlio César. Acredita-se que o próprio Júlio César, temendo um ataque a seus navios, ordenou que a esquadra egípcia aportada em Alexandria fosse destruída pelo fogo; e esse fogo teria se espalhado, atingindo a Biblioteca. Mas, embora essa seja a principal versão sobre a primeira destruição da Biblioteca, não há acordo sobre isso entre os historiadores. Com a ajuda de Marco Antônio, Cleópatra conseguiu repor grande parte do acervo então destruído, trazendo obras e até coleções inteiras de outras bibliotecas, sobretudo da que existia na cidade de Pérgamo. No final do século IV ou início do século V a Biblioteca sofreu um outro grande ataque por uma multidão de cristãos fanáticos, que viam no Museu e na Biblioteca um antro de paganismo. Por volta dessa época, Alexandria já estava em declínio, e não era mais o grande centro de conhecimento e atividade intelectual que fora por cerca de sete séculos. Conta-se que a destruição final do Museu e da Biblioteca teria ocorrido no século VII pelos conquistadores árabes, mas alguns historiadores insistem em que nessa época pouco já sobrava daquele que fora o mais importante centro do saber antigo. É de justiça registrar que os árabes, que eram culturalmente pobres quando iniciaram suas conquistas em 622, passaram a ser o povo de mais alto grau de desenvolvimento cultural e científico a partir de século e meio mais tarde.

Cremos que a destruição da Biblioteca de Alexandria é a maior perda do patrimônio cultural da humanidade. Ali se encontravam as obras dos grandes sábios da época em que foi fundada e de séculos anteriores e posteriores, a maioria delas perdidas para sempre. Por exemplo, praticamente nada sobreviveu dos escritos matemáticos que foram produzidos antes do ano 300 a.C., que é aproximadamente a época em que foram escritos os *Elementos de Euclides*. A única coisa que ainda nos resta daquele tempo são pouquíssimos fragmentos do que escreveu Hipócrates de Quios. (Quios é uma ilha na costa da Turquia. Veja o mapa da Figura 5.1.) A perda não foi só em Matemática, mas em todos os ramos do conhecimento, desde Tales no século VI a.C. até o início da expansão árabe no século VII d.C., um período de cerca de doze séculos! Em particular, muitas das obras de Eratóstenes, dos ilustres astrônomos Aristarco e Hiparco, e de muitos outros, só chegaram a nosso conhecimento por referências em outros autores, alguns que nem matemáticos eram.

5.6 A nova Biblioteca

Por volta de 1974 surgiu a ideia de reviver a antiga Biblioteca de Alexandria com a construção de uma nova. A Universidade de Alexandria nomeou uma comissão que selecionou um local adequado à nova Biblioteca, a qual seria localizada entre o campus da Universidade e o mar, próxima ao local onde se acredita que a antiga Biblioteca ficava localizada. Um dos principais apoiadores do projeto foi Hosni Mubarak, presidente do Egito desde o assassinato de Anwar Al Sadat em 1981. A Unesco (United Nations Educational and Scientific Organization) também aderiu à ideia, e as primeiras providências foram adotadas. Mas foi só no final dos anos 1980 que um trabalho sério de planejamento começou a ser levado avante. Uma firma da Noruega ganhou o concurso para fazer o projeto arquitetônico. Em 1990, vários estados árabes se empenharam em contribuir com 65 milhões de dólares, mas a construção só começou em 1995. A Unesco e diversos outros países também contribuíram, mas a maior parte do dinheiro veio do governo egípcio. Ao final da construção, já haviam sido gastos mais de 200 milhões de dólares. A nova Biblioteca foi inaugurada no dia 16 de outubro de 2002 e recebeu o nome de *Bibliotheca Alexandrina*.

Essa nova Biblioteca jamais será como aquela da Antiguidade, que era o único centro depositário das grandes obras então existentes, a maioria delas com apenas uma ou poucas cópias. Hoje há dezenas — talvez centenas — de grandes bibliotecas espalhadas por vários países, com as grandes obras repetidas em todas elas. Mas a nova Biblioteca de Alexandria é uma obra gigantesca, com uma variedade dos mais recentes recursos tecnológicos. Além de possuir espaço para estocar milhões de obras, ela possui departamentos especializados para pessoas cegas, para jovens e crianças, centros de conferências, três museus, quatro galerias de arte, um planetário e um laboratório para a restauração de manuscritos antigos.

Seria muito técnico descrever aqui os detalhes da arquitetura da nova Biblioteca[4]. Limitamo-nos a dizer que ela tem um teto todo de vidro, parecido com o do Teatro Nacional de Brasília, construído de maneira inclinada (para o lado do mar) como a parte da frente do Teatro Nacional. Internamente, são mais de dez pavimentos, os quais vão se afastando do teto conforme a referida inclinação. Em volta de toda a parte terrestre, há um paredão adornado com os alfabetos e recursos de escrita (os hieróglifos, caracteres chineses, japoneses etc.) das mais variadas línguas e povos da Terra. O leitor pode encontrar muitas fotos dessa nova Biblioteca de Alexandria consultando Photo Gallery no site www.bibalex.org.

[4]Essas informações e muito mais podem ser encontradas na internet.

Capítulo 6

Um número muito grande

6.1 O jogo de xadrez

Segundo uma lenda antiga, o jogo de xadrez foi inventado na Índia, para agradar a um soberano como passatempo que o ajudasse a esquecer os aborrecimentos que tivera com uma desastrada batalha. Encantado com o invento, o soberano, rei Shirham, quis recompensar seu súdito Sissa Ben Dahir, o inventor do xadrez. Shirham disse a Sissa que lhe fizesse um pedido, que ele, rei Shirham, o atenderia prontamente. Sissa disse, simplesmente:

— Bondoso rei, dê-me então um grão de trigo pela primeira casa do tabuleiro, dois pela segunda casa, quatro ($= 2^2$) pela terceira, oito ($= 2^3$) pela quarta, e assim por diante, até 2^{63} grãos de trigo pela última casa do tabuleiro, isto é, a 64ª casa.

O rei achou esse pedido demasiado modesto e, sem dissimular seu desgosto, disse a Sissa:

— Meu amigo, tu me pedes tão pouco, apenas um punhado de grãos de trigo. Eu desejava cumular-te de muitas riquezas — palácios, servos e tesouros de ouro e prata.

Como Sissa insistisse em seu pedido original, o rei ordenou a seus auxiliares e criados que tratassem de satisfazê-lo. O administrador do palácio real mandou que um dos servos buscasse um balde de trigo e fizesse logo a contagem. Um balde com cerca de 5 kg de trigo contém aproximadamente 115.000 grãos, já que um quilo contém cerca de 23.000 grãos (como o leitor pode verificar, fazendo, ele mesmo, a contagem...); foi o suficiente para chegar à 16ª casa do tabuleiro, mas não além, pois, de acordo com a fórmula da soma dos termos de uma progressão geométrica (veja essa fórmula no Apêndice no final do capítulo)

$$1 + 2 + 2^2 + 2^3 + \ldots + 2^{15} = 2^{16} - 1 = 65.535,$$

enquanto, para chegar à 17ª casa, seriam necessários

$$1 + 2 + 2^2 + 2^3 + \ldots + 2^{16} = 2^{17} - 1 = 131.071$$

grãos de trigo. (Um fato interessante a observar: o número de grãos de trigo a colocar numa casa é igual a todos os grãos já colocados nas casas precedentes mais 1. De fato, pelo penúltimo cálculo vê-se que todos os grãos colocados até a 16ª casa mais 1 é 2^{16}, que é o número de grãos devidos à 17ª casa.)

— Traga logo um saco inteiro de grãos[1] — ordenou o administrador a um dos servos —, depois você leva de volta o que sobrar. Ao mesmo tempo providenciou a vinda de mais uma dezena de contadores de trigo para ajudar na tarefa, que se tornava mais e mais trabalhosa.

O administrador, os servos e os contadores já haviam terminado com 10 sacos de trigo ($= 10 \times 60 \times 23.000 = 13.800.000$ de grãos) e mal haviam passado da 23ª casa do tabuleiro, visto que

$$1 + 2 + 2^2 + 2^3 + \ldots + 2^{22} = 2^{23} - 1 = 8.388.607.$$

e

$$1 + 2 + 2^2 + 2^3 + \ldots + 2^{23} = 2^{24} - 1 = 16.777.215.$$

A essa altura, o administrador resolveu avisar o rei do que estava acontecendo e alertá-lo de que as reservas do celeiro real estavam sob séria ameaça. Insistindo, porém, em atender o pedido de seu súdito, o rei ordenou que o trabalho continuasse. Mandou convocar mais servos e mais contadores; ao mesmo tempo, mandou chamar os melhores calculistas do reino para uma avaliação do problema. Estes vieram e, cientificados do que se passava, debruçaram-se nos cálculos. Em menos de uma hora de trabalho, puderam esclarecer o rei de que não havia trigo suficiente em seu reino para atender o pedido de Sissa. Mais do que isso, mesmo todo o trigo existente no mundo conhecido na época não daria para atender àquele pedido!

No tempo em que isso aconteceu, pensava-se que o mundo fora criado havia menos de 5.000 anos. Assim, os calculistas do rei puderam dizer-lhe que nem mesmo toda a produção mundial de trigo, desde a criação do mundo, seria suficiente para atender o pedido de Sissa. (A essa altura dos acontecimentos é de se supor que o rei Shirham estivesse no mínimo irritado com o pedido de Sissa, e que este, portanto, estivesse em sérias dificuldades perante o rei, que enfeixava em suas mãos todos os poderes sobre seus súditos, inclusive o de poder mandar cortar a cabeça de Sissa...)

[1]Um saco de 60 kg contém aproximadamente 1.380.000 grãos.

6.2 Produção atual de trigo

Com os dados de que dispomos hoje, podemos fazer uns cálculos simples e interessantes. Sabemos que a produção brasileira de trigo foi de 4,7 milhões de toneladas em 2005[2], um total de $4,7 \times 10^9$ quilos, equivalente a

$$4,7 \times 10^9 \times 23.000 \approx 108 \times 10^{12} = 108.000.000.000.000 \text{ de grãos,}$$

enquanto que o número de grãos pedido por Sissa era exatamente

$$1 + 2 + 2^2 + 2^3 + \ldots + 2^{63} = 2^{64} - 1 = 18.446.744.073.709.551.615.$$

Ora, esse número dividido pelo número de grãos de trigo que o Brasil produziu em 2005 é certamente $> 18 \times 10^{18} \div 108 \times 10^{12} \approx 166.666$. Isso significa que seriam necessários mais de 166.666 anos de produção brasileira de trigo, ao nível da safra de 2005, para atender o pedido de Sissa.

— Produção brasileira não vale, o Brasil produz muito pouco trigo — poderá reclamar um leitor mais exigente. Tudo bem, vamos à produção mundial que, segundo estimativas da FAO (Food and Agricultural Organization, órgão das Nações Unidas) em 2007 pode chegar a 626 milhões de toneladas. Isso equivale a

$$626 \times 10^9 \times 23.000 = 14.398.000.000.000.000 \text{ de grãos.}$$

Fazendo as contas como antes, concluímos que seriam necessários cerca de 1.250 anos de produção mundial de trigo ao nível de hoje para atender à demanda de Sissa.

Agora, sendo realista mesmo, e considerando a produção mundial verdadeira — que nunca foi sempre ao nível de hoje — certamente teríamos de recuar muito mais tempo no passado: seguramente, todo o trigo que tem sido cultivado nos últimos 10.000 anos, isto é, desde o início da agricultura em nosso planeta, não seria suficiente para atender ao pedido de Sissa.

6.3 Como calcular 2^{64}

Sim, essa pergunta deve ter ocorrido ao leitor enquanto acompanhava a história que acabamos de contar. Hoje em dia é muito fácil calcular um número como 2^{64}, valendo-se de um dos vários programas implementados em computador, como o Mathematica, o Maple ou vários outros. Os cálculos são muito simples, cada um levando apenas uma fração de segundo para ser executado.

Mas, e quando não havia computador? Como fizeram os calculistas indianos do tempo de Shirham e Sissa, há mais de um milênio atrás? Bem, se fosse há uns

[2]Preferimos trabalhar com este número, porque a produção caiu bastante em 2006 e 2007.

350 anos, eles poderiam recorrer aos logaritmos.

Para efetuar cálculos com a ajuda dos logaritmos, primeiro é preciso dispor de uma tábua (ou tabela) dos logaritmos dos números num certo intervalo. Por exemplo, uma tábua dos logaritmos decimais dos números inteiros de 1 a 10.000 já é suficiente para muitos cálculos. A título de ilustração, tentemos calcular o número $N = 2^{64}$. Consultando uma tábua (de logaritmos decimais), encontramos $\log 2 \approx 0,30103$, de sorte que

$$\log N = 64 \times \log 2 \approx 64 \times 0,30103 = 19,26592.$$

Esse cálculo já é suficiente para sabermos que N está compreendido entre 10^{19} e 10^{20}, pois seu logaritmo é maior do que 19 e menor do que 20, o que já é uma boa informação.

O logaritmo de um número pode sempre ser escrito como a soma de um inteiro — chamado a sua *característica* — e uma parte decimal m tal que $0 \leq m < 1$, chamada *mantissa*. No caso do número N a calcular, 19 é a característica e 0,26592 é a mantissa de seu logaritmo.

As tábuas só dão as mantissas. Mas, ao consultarmos uma tábua, nem sempre encontramos, na coluna dos logaritmos, a mantissa desejada. No caso concreto que estamos considerando, ao consultar a tábua, verificamos que o logaritmo 0,26592 está compreendido entre dois outros que lá se encontram; mais precisamente,

$$\log 1,844 = 0,26576 \quad \text{e} \quad \log 1,845 = 0,26600,$$

A partir daqui, fazemos uma interpolação para determinar o número que tem 0,26592 como logaritmo. Encontramos

$$0,26592 \approx \log 1,844666\ldots,$$

donde $\log(1,844666\ldots \times 10^{19}) \approx 19,26592$; e daqui segue-se que

$$N = 2^{64} \approx 1,844666\ldots \times 10^{19} \approx 18.446.666.666.666.666.666.$$

Comparando esse valor aproximado com o valor exato calculado anteriormente, verificamos que o erro relativo é inferior a 10^{-5}; portanto, o valor aproximado é muito bom.

Mas como teriam os calculistas indianos feito seus cálculos, há uns mil anos atrás, sem ajuda dos logaritmos. Eles podiam fazer a multiplicação diretamente, como costuma ser ensinado na escola primária[3], com ajuda da tabuada. Por exemplo, multiplicando $2^{10} = 1.024$ por si mesmo, encontramos $2^{20} = 1.048.576$.

[3]Não com tanta insistência em exercícios envolvendo números muito grandes, como era o caso até por volta de 1960.

Agora é só multiplicar esse último número por si mesmo duas vezes ($2^{20} \times 2^{20} \times 2^{20}$) e o resultado por 16 ($= 2^4$). Embora trabalhosa, trata-se de uma tarefa não de todo descabida há algum tempo, quando não havia computadores e os alunos aprendiam a fazer qualquer conta de multiplicação.

6.4 Comentários finais

Como vimos, o número 18.446.744.073.709.551.615 é muito grande. Ele aparece também numa outra lenda, também proveniente da Índia, mas que é às vezes contada como o jogo das Torres de Hanoi (veja a RPM 9, pp. 34 a 37).

Esse número está compreendido entre 10^{19} e 10^{20}. A gente quase não lida com números tão grandes assim. Por exemplo, quando um professor manda seus alunos decomporem um número em fatores primos, geralmente ele dá números pequenos e de tratamento fácil, como 720, 4900 etc. Um número relativamente pequeno como 1429 deve causar muitas dificuldades aos alunos, pois ele já é um número primo!...

Hoje em dia, números muito grandes, contendo centenas de algarismos, são muito importantes em Criptografia, e disso falaremos no Capítulo 13.

6.5 Apêndice: soma de uma progressão geométrica

Lembremos aqui a fórmula que dá a soma dos termos de uma progressão geométrica. Dado qualquer número $q \neq 1$, chamado a *razão da progressão*, e n um inteiro positivo arbitrário, pomos

$$S = 1 + q + q^2 + q^3 + \ldots + q^n$$

e observamos que

$$qS = q + q^2 + q^3 + q^4 + \ldots + q^{n+1}.$$

Portanto, subtraindo a primeira dessas igualdades da segunda, obtemos

$$qS - S = q^{n+1} - 1, \quad \text{donde} \quad S = \frac{q^{n+1} - 1}{q - 1},$$

que é a desejada fórmula da soma dos termos de uma progressão geométrica.

Capítulo 7

Fazendo contas sem calculadora

7.1 Introdução

A calculadora de bolso é hoje um instrumento bastante difundido. Já vai longe o tempo em que se discutia se os alunos podiam ou não usá-la, pois eles a têm em mãos com a maior facilidade. O importante é saber onde seu uso é recomendado, porque ajuda, e onde a calculadora nada tem a contribuir e deve ser evitada. Isso nos traz à mente certas habilidades de cálculo que não usam a calculadora, mas que são muito importantes e, portanto, devem ser cultivadas desde os estágios mais elementares do aprendizado. É sobre isso que desejamos falar aqui.

7.2 Vamos fazer contas "de cabeça"

Isso mesmo, vamos começar com problemas que podemos resolver "na hora", assim quando estamos no meio de uma conversa e não dispomos de lápis e papel, muito menos de calculadora. É o que se costuma chamar "fazer as contas de cabeça".

Vamos começar com contas de subtrair, usando a técnica da "translação". Por exemplo, subtrair 34 de 61 é o mesmo que subtrair 30 de 57 (veja, estamos transladando os dois números para a esquerda de 4 unidades), ou ainda, o mesmo que subtrair 40 de 67 (agora somamos 6 unidades a ambos os números). Em ambos os casos, é fácil ver que a diferença é 27.

Problema 1. *Meu avô nasceu em 1873 e faleceu em 1965. Quantos anos viveu?*

Por que pegar lápis e papel para fazer a conta? Use a técnica da translação, assim: a diferença entre 1965 e 1873 é a mesma que entre 1962 e 1870. Ora, de 1870 a 1900 são 30 anos; a estes somo os 62 que vão de 1900 a 1962. Meu avô viveu 92 anos.

Posso também raciocinar assim: $1965-1873 = 165-73 = 162-70 = 62+30 = 92$.

Outro modo: de 1965 a 1973 (quando meu avô completaria 100 anos de idade) são 8 anos. Então ele viveu $100 - 8 = 92$ anos.

Podíamos também ter transladado para a frente, assim (mas tudo de cabeça): $(1965 + 7) - (1873 + 7) = 1972 - 1880 = 72 + 20 = 92$.

Outro modo: de 1873 a 1963 são 90 anos (pois só faltam mais 10 para chegar a 100 anos em 1973); aos 90 acrescento 2 para chegar a 1965, obtendo os 92 anos.

Problema 2. *Em 1943 meu avô completou 70 anos. Em que ano ele nasceu?*

Somo 30 a 1943 e obtenho 1973, quando meu avô completaria 100 anos; logo, ele nasceu em 1873, ou seja, 100 anos antes.

Outro modo: se o ano fosse 1940, eu voltaria 40 anos ao ano de 1900, do qual volto mais 30 e chego a 1870; agora somo os 2 anos que tirei no início e chego ao ano do nascimento de meu avô: 1872.

Alguns desses problemas de calcular a idade de uma pessoa são muito fáceis de resolver, quando os anos de nascimento e morte têm formas bem particulares. Veja, por exemplo, o caso de Nicolau Copérnico, que nasceu em 1473 e faleceu em 1543. Aqui é fácil ver que faltam 30 anos para se chegar a 1573, quando Copérnico completaria 100 anos; logo, ele viveu 70 anos, ou seja, $100 - 30$.

Problema 3. *Certo dia, em 1995, encontrei-me com um senhor que foi muito amigo de meu pai. Eu lhe perguntei a idade e ele me disse: estou com 83 anos. Em que ano ele nasceu?*

Vejamos: tenho de subtrair 83 de 1995. Pela técnica da translação, basta subtrair 80 de 1992, o que é fácil fazer de cabeça. O resultado é 1912, ano do nascimento desse amigo de meu pai.

Outro modo: somo 7 a 1995 e vou para 2002, quando ele terá 90 anos; mais 10 e chego a 2012, quando ele terá 100 anos; volto 100 anos a 1912, que é quando ele nasceu.

7.3 Contas de somar

Quando usamos a técnica da translação nas contas de subtrair, temos de aumentar ou diminuir os dois números simultaneamente da mesma quantidade. No caso da soma aumentamos um e diminuímos o outro da mesma quantidade. Por exemplo, somar 47 com 39 é o mesmo que somar 46 com 40, ou 50 com 36, resultando em 86. Somar 143 com 234 é o mesmo que somar 140 com 237, que é o mesmo que 40+337, que é 377; mas tudo isso de cabeça, nada de lápis e papel ou calculadora.

A resolução mental desses probleminhas é um bom exercício para desenvolver bem a compreensão das operações de soma e subtração. E é coisa que pode ser exercitada durante a aula, num clima agradável e de brincadeira com as crianças. Vai ver que, embora a Luciana seja mais velha que o Francisco, o avô deste pode ter nascido antes que o avô da Luciana. Vai ver que o Gabriel nem sabe a idade da avó ou do pai dele! Então terá mais um dever de casa: trazer, amanhã, os anos dos nascimentos de seu pai e sua avó. Mas não vá lhes perguntar as idades, isso fica para ser resolvido durante a aula...

7.4 A importância da tabuada

A calculadora não dispensa uma boa compreensão das operações, nem o aprendizado da tabuada. O aluno precisa aprender a tabuada hoje tanto quanto no meu tempo de menino, quando não existia calculadora. Qualquer um deve saber responder — e responder rapidamente — a perguntas que me faziam na escola primária (o que hoje são as primeiras 4 séries do ensino fundamental): 7 vezes 8? 9 vezes 6? 5 vezes 8? e assim por diante. É preciso ter cuidado para que o uso da calculadora não deixe de lado o aprendizado da tabuada e uma boa compreensão das operações.

Digo isso porque o aprendizado da tabuada tem sido muito negligenciado depois que surgiu a calculadora. Houve mesmo casos de muitos professores que pensavam (ou ainda pensam?) que agora, com a calculadora, a tabuada perde sua importância. Não é assim. Não é apenas porque alguns de nós somos mais velhos que insistimos no aprendizado da tabuada, mas é porque esse aprendizado continua tão importante hoje como antigamente. Senão vejamos: quando o pãozinho era vendido por unidade e não por quilo, e custava 12 centavos cada um, você ia à padaria, comprava 7 pãezinhos e pagava com uma moeda ou nota de 1 real; quanto recebia de troco? Esse é o tipo de situação que qualquer pessoa deve resolver de cabeça, são cálculos triviais. Se alguém me disser que ninguém tem de saber 7 vezes 12 de cabeça, eu respondo: então deve saber que 5 vezes 12 é 60; agora some mais 12, vai para 72; e some outros 12, vai para 84. Pronto, 7 pãezinhos custam 84 centavos; um real menos 84 centavos (que é o mesmo que 96 centavos menos 80 centavos) dá 16 centavos, que é o troco devido. Essa última conta do troco poderia também ser feita assim: de 84 até 90 são 6, ao qual somamos 10 para chegar até 100, ao todo 16 centavos.

Cálculos como esses são necessários na vida de qualquer cidadão, por isso é importante saber a tabuada e saber fazer contas simples como essas, sem recorrer a lápis, papel ou calculadora. E, como já dissemos acima, é um bom exercício para desenvolver bem a compreensão das operações. Eu pergunto: não seria o caso de passar boa parte das aulas fazendo tais exercícios? E depois organizar os alunos em grupos e fazer competição entre os grupos? Seria um modo de tornar a aula descontraída, engraçada e agradável, ao mesmo tempo que se estimularia o interesse dos alunos nesses exercícios de compreensão das operações e de memorização.

7.5 Decorar é preciso

As pessoas que consideram desnecessário decorar a tabuada talvez pensem que "decorar", de um modo geral, seja uma atividade menos nobre e sem valor. Isso não é verdade. "Decorar" é um importante exercício para a memória. E uma boa memória — privilégio de poucos — é um valioso auxiliar da atividade intelectual. O grande matemático Leonardo Euler (1707-1783) tinha excelente memória, a ponto de saber, de cor, dentre outras coisas, toda a Eneida de Virgílio. Em latim! Qualquer cidadão brasilero sabe (ou deve saber...), de cor, o hino nacional. Convém lembrar que atores de teatro decoram peças inteiras. Sabendo a peça de cor, e não dependendo de alguém (o "ponto") para auxiliá-lo, o ator fica "dono de si", portanto, mais capaz de fazer uma boa interpretação da personagem que irá representar.

7.6 Cálculos aproximados

Voltando a falar de cálculos, é claro que não faz mais sentido, hoje em dia, insistir com os alunos para que aprendam a fazer, manualmente, cálculos como

$$3,21897 \times 9,38 \quad \text{ou} \quad 2,801799 \div 1,98,$$

como era exigido de mim no 4º ano primário. Mas, embora não tenha de fazer contas como essas, o aluno de hoje deve estar preparado para saber, por um rápido exame, que a primeira dessas contas resulta em aproximadamente $3 \times 10 = 30$, enquanto a segunda se aproxima por $2,8 \div 2 = 1,4$. Conferindo com a calculadora, vemos que a primeira dá 30,193938 e a segunda, 1,41505.

Essa questão do cálculo aproximado é muito importante e deveria merecer muito mais atenção em todo o ensino básico.

7.7 Outras habilidades de cálculo

Há certas habilidades valiosas e importantes com cálculos que ilustraremos concretamente no problema seguinte.

Problema 4. *Uma rampa — como a que dá acesso ao Palácio do Planalto em Brasília — tem 4 metros de altura na sua parte mais alta. Tendo começado a subi-la, uma pessoa nota que, após caminhar 12,3 metros sobre a rampa, está a 1,5 metros de altura em relação ao solo. Calcule quantos metros a pessoa ainda deve caminhar para atingir o ponto mais alto da rampa.*

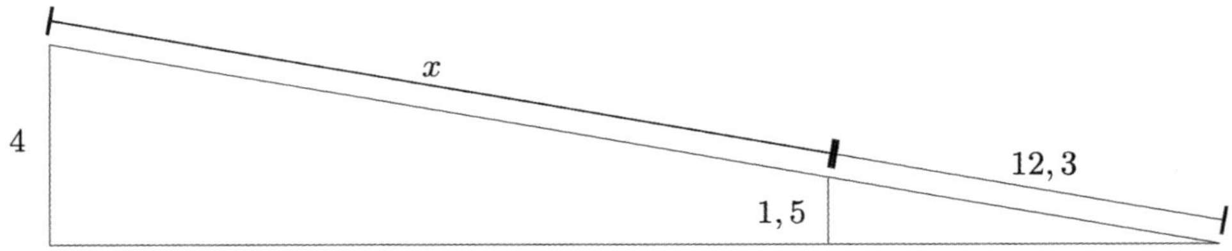

Figura 7.1

Resolução. Uma simples observação da Figura 7.1 nos mostra que, sendo x o comprimento total da rampa, vale a proporção:

$$\frac{x}{12,3} = \frac{4}{1,5}, \quad \text{donde} \quad x = \frac{12,3 \times 4}{1,5}.$$

Novamente aqui, antes de fazer qualquer cálculo, deve-se procurar simplificar: 123 e 15 são ambos divisíveis por 3, depois 40 é divisível por 5. Assim,

$$x = \frac{12,3 \times 4}{1,5} = \frac{123 \times 4}{15} = \frac{41 \times 4}{5}$$

$$= \frac{4,1 \times 40}{5} = 4,1 \times 8 = 32,8 \text{ metros.}$$

32,8 é o comprimento total da rampa, portanto, falta à pessoa caminhar mais $32,8 - 12,3 = 20,5$ metros. Repare que dá para fazer tudo de cabeça! Um bom exercício.

Esse problema da rampa foi proposto no vestibular da Unicamp de 1994. Vários vestibulandos cometeram erros grosseiros de ajuste das casas decimais, encontrando para a rampa comprimento total de 328 metros ou 3,28. Ora, sem fazer qualquer conta, pode-se estimar o comprimento da rampa, assim: a altura total da rampa (4 metros) é pouco mais de duas vezes a altura de 1,5 metros; logo, o comprimento total da rampa há de ser pouco mais que o dobro de 12,3 metros, ou seja, pouco mais de 24,6 metros, o que é verdade. Um raciocínio mais preciso seria este: $4 \div 1,5$ está entre 2 e 3; logo, o comprimento da rampa está entre $2 \times 12,3 = 24,6$ e $3 \times 12,3 = 36,9$, ou seja, por volta de 30 metros.

7.8 Conclusão

Os exemplos discutidos aqui já são suficientes para mostrar que há muitos cálculos interessantes que o professor deve ensinar a seus alunos. Como se vê, há vários recursos simples que facilitam muito as contas e que vão sendo aprendidos quanto mais o aluno se exercita na resolução numérica dos problemas. Portanto, não é verdade que, com o advento da calculadora, o professor está agora dispensado de ensinar a fazer contas. Há muito o que ensinar sobre isso, e coisas muito úteis. Se hoje em dia não há porque ocupar os alunos em trabalhosas contas de multiplicar ou dividir, como se fazia antigamente, não só as operações e suas propriedades têm de ser ensinadas, mas as técnicas de cálculo também merecem igual cuidado.

Agora, quando lidamos com cálculos complicados, envolvendo raízes quadradas, logaritmos, funções trigonométricas etc., o uso da calculadora é indispensável e se revela um "alívio"para o usuário.

Para finalizar, vai aqui uma história engraçada que me aconteceu certa vez quando fui fazer compras de verduras (alface, tomate, cenoura, beringela, brócolis etc). À medida que a verdureira ia atendendo meus pedidos, ela também ia anotando os itens com os preços. Ao final, enquanto ela embrulhava minhas compras, apanhei o papel em que ela fizera suas anotações (uns oito itens) e fui somando os diferentes preços à maneira antiga. E anunciei: 19 reais e 34 centavos. Ela ouviu calada, terminou de fazer os embrulhos, apanhou a calculadora, fez as contas e me disse: "É, na Aritmética o senhor está aprovado!"...

Capítulo 8

Os *Elementos* de Euclides

8.1 Introdução

Um dos mais notáveis acontecimentos da História da Matemática, logo no início da Escola de Alexandria, foi o aparecimento dos *Elementos de Euclides*, uma obra monumental e muito bem estruturada sobre quase toda a Matemática conhecida até aquela época. É dessa obra e suas ramificações que pretendemos tratar neste capítulo.

8.2 O raciocínio dedutivo

A Matemática dedutiva, tal qual a conhecemos hoje, tem sua origem com Tales de Mileto, no século VI a.C. Até esse tempo, a Matemática grega era herdeira direta daquela que se desenvolveu na Babilônia e no Egito. Os conhecimentos matemáticos de então, tanto nessas regiões do Oriente Médio, como na Índia e na China, eram de natureza empírica. Mas a partir de Tales, a Geometria grega vai assumindo o aspecto de um corpo de proposições logicamente ordenadas: cada proposição é demonstrada a partir de proposições anteriores, estas a partir de outras precedentes, e assim por diante; e como a demonstração de uma dada proposição teria de se basear em outras, estas também teriam de ser demonstradas. Mas, se uma dada proposição B tivesse sido utilizada na demonstração de outra proposição A, é claro que esta última não poderia ser utilizada na demonstração de B, sob pena de se incorrer no que se chama *tautologia* ou círculo vicioso. Dessa maneira os matemáticos foram percebendo que seria preciso fixar algumas proposições iniciais, consideradas bastante simples e evidentes ao senso comum e que não seriam demonstradas a partir de outras ou o processo não teria fim. Essas proposições não demonstradas seriam aceitas como o *princípio* do encadeamento dedutivo. Elas são os chamados *axiomas* ou *postulados*.

De maneira análoga, as definições dos entes geométricos, como ângulo, triângulo e polígonos de um modo geral, perpendicularismo, paralelismo etc., teriam de se assentar, em última instância, em alguns entes básicos, conhecidos como *conceitos primitivos.* Nos dias de hoje os conceitos primitivos da Geometria são *reta, ponto* e *plano*, os quais não são definidos em termos de outros, mas são aceitos como bem entendidos pelo senso comum.

Essa estrutura dedutiva está muito bem retratada nos *Elementos de Euclides*, uma extraordinária obra escrita por volta do ano 300 a.C., no início da Escola de Alexandria. O aspecto mais importante dessa obra é a organização dos fatos num encadeamento dedutivo, em que um reduzido número de proposições, conceitos primitivos e definições iniciais são utilizadas para demonstrar, uns após outros, todos os teoremas considerados. Historicamente, os *Elementos* são a primeira corporificação desse modo de organização da Matemática, que é conhecido como *método axiomático.*

8.3 Euclides e os *Elementos*

De Euclides de Alexandria (que viveu por volta de 300 a.C.), o autor dos *Elementos*, quase nada sabemos. E as informações que nos chegaram sobre ele vêm dos comentários de Proclo (410–485), um autor que viveu mais de 700 anos depois de Euclides. Mesmo Proclo tem dificuldade em determinar a época em que viveu Euclides.

Euclides escreveu várias obras científicas, a mais famosa das quais é aquela referida na literatura, ora como *Elementos de Euclides*, ora como *Os Elementos*, e outras vezes ainda simplesmente como *Elementos.* Trata-se de uma coletânea de 13 livros, reunindo quase todo o conhecimento matemático da época em que foi escrita. Em parte por causa disso, e também por se tratar de uma obra de escol, as obras anteriores aos *Elementos* desapareceram; a única exceção são alguns fragmentos atribuídos a Hipócrates de Quios (veja o mapa da Figura 5.1), que viveu no século V a.C. Assim, os *Elementos de Euclides* são praticamente tudo o que temos da Matemática grega que se desenvolveu desde seu início com Tales de Mileto até o tempo de Euclides. Esse é um período de cerca de 250 anos, muito pouco tempo para que a Matemática, logicamente organizada, evoluísse do estágio embrionário em que se encontrava com Tales, até o alto grau de sofisticação que transparece nos *Elementos.*

Um equívoco que se comete com frequência é pensar que os *Elementos* são uma obra apenas sobre Geometria. Na verdade, há muito de Aritmética e Álgebra em vários dos livros dos *Elementos.* Isso porque Euclides insistia numa apresentação rigorosa de toda a Matemática, e ele não encontrava, na Aritmética e na Álgebra, meios de fazer apresentações com o desejado rigor que só a Geometria lhe propiciava. Em vista disso, a Matemática grega da época de Euclides era toda ela geometrizada. Isso se tornou tão arraigado ao longo dos séculos que até o início do século XX os matemáticos costumavam ser chamados de "geômetras". Era comum, por exemplo, referir-se a um matemático como Henri Poincaré (1854–1912) como "o grande geômetra francês", embora ele fosse um homem de cultura universal, em Matemática, Astronomia, Física, Filosofia e outros domínios do conhecimento. Ainda hoje certos professores de Matemática de universidades inglesas têm o título de "Professor of Geometry".

Um outro equívoco não menos frequente é pensar que os fatos geométricos dos *Elementos de Euclides* sejam expressos numericamente como o são para nós hoje. Para exemplificar, enquanto para nós a área de um triângulo é dada por uma fórmula exprimindo metade do produto da base pela altura, para Euclides a área de um triângulo é metade da área do paralelogramo que se obtém com a junção de dois triângulos iguais ao triângulo dado. A área do paralelogramo é igual à área de um retângulo de mesma base e mesma altura, e assim por diante. Para nós, hoje, a área de um círculo é πr^2, mas para Arquimedes, que viveu algumas décadas depois de Euclides, a área do círculo é igual à área de um triângulo de base igual ao comprimento da circunferência e altura igual ao raio do círculo. Para nós o volume da esfera é $4\pi r^3/3$, enquanto o que Arquimedes nos diz é que o volume da esfera está para o volume do cilindro circular reto a ela circunscrito assim como 2 está para 3; e isso é informação suficiente. Na Matemática grega, antes e durante o período helenístico, não havia fórmulas como é tão comum hoje em dia; tudo era dado em termos de proporções, como no caso do volume da esfera que acabamos de mencionar. E isso perdurou no Ocidente por mais um milênio após o declíneo da civilização helenística.

A importância dos *Elementos*

A obra de Euclides sempre foi muito utilizada e admirada através dos séculos. Sua influência foi enorme, não apenas na Matemática, mas também na Astronomia e em outras áreas do conhecimento, até mesmo na Filosofia. Depois da publicação dos *Elementos*, todos os grandes matemáticos e astrônomos do período helenístico adotaram o método axiomático retratado nesse livro de Euclides. É o que vemos nas obras de astrônomos como Aristarco (aprox. 310–230 a.C.) e de geômetras como Arquimedes (287–212 a.C.), Apolônio (aprox. 262–190 a.C.) e muitos outros. É interessante lembrar também que, já em tempos modernos, o renomado filósofo panteísta, Baruch Spinoza (1632–1677), escreveu um livro sobre Ética, intitulado *Ethica Ordine Geometrico Demonstrata* (Ética demonstrada de maneira geométrica), no qual ele estabelece inicialmente alguns axiomas e definições, a partir dos quais desenvolve uma série de proposições num encadeamento dedutivo à maneira dos *Elementos* de Euclides.

Mais significativo ainda é o famoso livro de Isaac Newton (1642–1727) intitulado *Philosophiae Naturalis Principia Mathematica* (Princípios matemáticos de filosofia natural), todo ele escrito no estilo dos *Elementos* de Euclides, partindo de apenas três postulados, que são suas leis do movimento (que aprendemos ainda no ensino médio), mais tarde acrescidos da Lei da Gravitação Universal. Afora as ideias infinitesimais que Newton utiliza o tempo todo, seu livro não traz nenhum dos métodos e técnicas do Cálculo, como muitos pensam. Vale mencionar que essa obra está traduzida para o português.

Os *Elementos* de Euclides foram recuperados de manuscritos os mais antigos pelo filólogo dinamarquês Johan Ludvig Heiberg (1854–1928). Com base no trabalho de Heiberg, Thomas Little Heath (1861–1940), outro grande conhecedor de línguas e história da Matemática, preparou uma preciosa tradução dos *Elementos* em inglês, uma obra recheada de uma quantidade enorme de comentários elaborados com muita competência e de grande utilidade para os estudiosos de Euclides. Essa obra, publicada em 1908 e republicada em 1925, continua até hoje como referência tão excelente sobre a obra de Euclides que permanece insuperada. E é também insuperável, tanto assim que, decorridos mais de cem anos de seu aparecimento, ninguém se animou a fazer nova tradução dos *Elementos*.

O livro de Euclides não é de fácil leitura, mas foi a obra mais importante para o aprendizado da geometria por cerca de dois milênios. Não sabemos se Euclides escreveu os *Elementos* para uso no ensino, ou apenas para reunir o conhecimento matemático da época. Naquele tempo não havia a preocupação pedagógica que só teve desenvolvimento significativo a partir do século XIX, quando então começaram a surgir obras mais acessíveis que os *Elementos*, e didaticamente bem mais adequadas ao ensino. Uma dessas obras é um livro de Adrien-Marie Legendre (1752–1833), que teve muitas edições, foi traduzido para várias línguas, foi muito utilizado nas escolas brasileiras, nos Estados Unidos e em países da Europa.

8.4 O conteúdo dos Elementos

Os *Elementos* são uma obra de grande valor histórico. Sua melhor versão é a tradução inglesa de Thomas L. Heath (1861–1940) (publicada pela Editora Dover em três volumes). Isso porque Heath enriqueceu sobremaneira a obra de Euclides com uma excelente introdução, além de inúmeros, valiosos e esclarecedores comentários.

O volume I de Heath reúne os Livros I e II dos *Elementos*, o primeiro deles contendo uma boa parte da geometria plana, construções geométricas, teoremas de congruência, áreas de polígonos e o Teorema de Pitágoras (que é a Proposição 47). Ainda no volume I de Heath encontra-se o Livro II dos *Elementos*, sobre o que se costuma chamar de "Álgebra geométrica". Por exemplo, a Proposição 4 desse Livro II é o equivalente, em linguagem geométrica, da propriedade que hoje conhecemos como "quadrado da soma" (igual ao quadrado do primeiro, mais o quadrado do segundo, mais duas vezes o primeiro vezes o segundo). Euclides enuncia isso geometricamente assim: "Se um segmento de reta é dividido em dois, o quadrado construído sobre o segmento inteiro é igual aos quadrados sobre os segmentos parciais e duas vezes o retângulo construído com estes segmentos". Euclides não fala, mas ele está se referindo a áreas, quando diz "...é igual...".

O volume II de Heath contém os Livros III a IX dos *Elementos*. O Livro III trata do círculo e o IV da construção de certos polígonos regulares. O Livro V trata da teoria das proporções, que é devida a Eudoxo (aprox. 408–355 a.C.), um dos maiores matemáticos da Antiguidade depois de Arquimedes. A semelhança de figuras é tratada no Livro VI e a teoria dos números nos Livros VII a IX. Por exemplo, a Proposição 20 do Livro IX é o famoso teorema: "Existem infinitos números primos". Mas Euclides não fala "infinitos", já que os gregos não admitiam o que Aristóteles chama de "infinito atual", apenas o chamado "infinito potencial". Em linguagem de hoje ele diz o seguinte: "Dado qualquer conjunto (finito, entenda-se bem!) de números primos, existe algum número primo fora desse conjunto". E a demonstração, novamente, é geométrica. No dizer do eminente matemático inglês Godfrey Harold Hardy, (1877–1947) trata-se de uma das mais belas demonstrações da Matemática.

Finalmente, o volume III de Heath contém os Livros X-XIII, onde são tratados a incomensurabilidade, geometria espacial e os poliedros regulares.

O leitor pode ler mais sobre os *Elementos* no excelente trabalho do Professor João Bosco Pitombeira sobre essa obra, publicado como volume 5 dos Cadernos da RPM; ou no livro de Asger Aaboe, intitulado *Episódios da História Antiga da Matemática*, traduzido e publicado pela SBM.

8.5 A axiomática dos *Elementos*

Como mencionamos há pouco, algumas proposições dos *Elementos* foram escolhidas pela sua simplicidade e pelo caráter de possuírem veracidade evidente ao senso comum. São, como já explicamos, os *postulados* ou *axiomas*, o ponto de partida para a demonstração de outras proposições, num encadeamento dedutivo, em que cada nova proposição é demonstrada com base nos postulados e nas proposições já demonstradas anteriormente. Essas proposições, justamente por serem demonstradas, são os "teoremas". Mas, antes mesmo da formulação dos postulados, os conceitos sobre os quais eles versam são apresentados logo no início do primeiro livro mediante suas definições. Tais são, por exemplo, os conceitos de ponto, reta, plano, ângulo, ângulo reto, perpendicularidade, círculo etc. Dadas essas definições, Euclides formula cinco postulados. Vamos listar, a seguir, esses postulados, não exatamente como Euclides os formulou; para melhor compreensão utilizamos a linguagem de hoje, procurando, contudo, permanecer tão próximos quanto possível do pensamento de Euclides. São eles:

1. *Dois pontos determinam uma reta.*

2. *A partir de qualquer ponto de uma reta é possível marcar um segmento de comprimento arbitrário.*

3. *É sempre possível traçar um círculo com centro e raio arbitrários.*

4. *Todos os ângulos retos são iguais.*

5. *Dadas três retas r, s e t num mesmo plano, se r encontra s e t de forma que a soma dos ângulos interiores de um mesmo lado de r seja menor que dois ângulos retos, então as retas s e t, quando prolongadas indefinidamente, se encontram do mesmo lado de r em que estão os referidos ângulos interiores.* (Veja a Figura 8.1.)

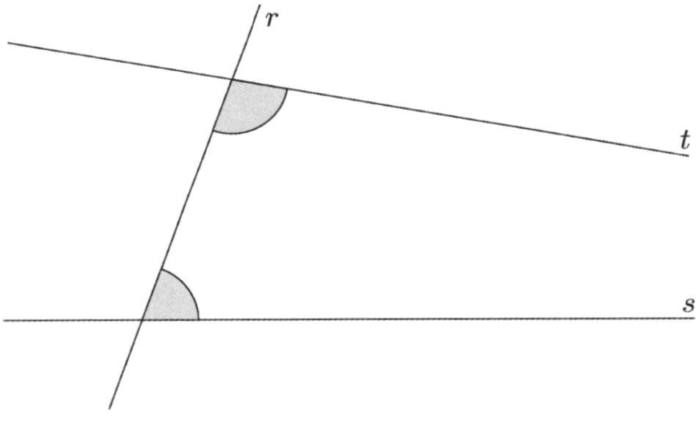

Figura 8.1

Além das definições e postulados, Euclides lista ainda mais cinco proposições que ele chama de *noções comuns*, como *duas coisas iguais a uma terceira são iguais entre si* e *o todo é maior que qualquer de suas partes*, além de três outras. Ao que parece, Euclides entendia que essas noções comuns deveriam ser assim designadas por serem verdadeiras em outros domínios fora da Geometria.

Ao que parece, Euclides procurou enunciar o menor número possível de postulados, a partir dos quais ele pudesse construir todo o edifício dedutivo da geometria. Em vista disso, muitas proposições geométricas parecem bastante evidentes, ou aparentam ser assim pela sua própria visualização geométrica; no entanto são teoremas, pois podem ser demonstradas a partir dos postulados. É o caso, por exemplo, do teorema que afirma que *num triângulo isósceles os ângulos da base são iguais*, ou o que afirma que *duas paralelas cortadas por uma transversal for-*

mam ângulos alternos internos iguais Por causa disso, seria natural imaginar que um ou outro postulado pudesse passar à categoria de teorema, desde que fosse possível demonstrá-lo. E foi exatamente isso o que aconteceu com o quinto postulado: ele foi objeto de infrutíferas tentativas de demonstração, desde a Antiguidade até o início do século XIX, e sobre isso falaremos logo adiante.

8.6 O postulado das paralelas

Embora muito admirado e imitado, o modelo axiomático dos *Elementos*, no que se refere ao quinto postulado, suscitou questionamentos. Já na Antiguidade vários matemáticos pensavam que ele pudesse ser demonstrado com base nos outros postulados; e desde então, até os tempos modernos, muitas foram as tentativas de fazer essa demonstração. Mas a impossibilidade de se conseguir tal intento acabou sendo reconhecida e teve como consequência a descoberta das geometrias não euclidianas, como veremos no Capítulo 11.

Pode-se demonstrar que o quinto postulado é equivalente a várias outras formulações,[1] dentre as quais ressaltamos a seguinte, conhecida como

Postulado das paralelas. *Por um ponto P fora de uma reta r não se pode traçar mais que uma reta paralela à reta r.*

Esta é a forma mais conhecida do quinto postulado, bastante divulgada nos livros didáticos. Ela já era conhecida de Proclo (410–485) na Antiguidade; é atribuída a John Playfair (410–485) por aparecer em um livro que ele publicou em 1795.[2]

Frequentemente, principalmente em textos do ensino médio, o enunciado do postulado das paralelas afirma que *Por um ponto P fora de uma reta r pode-se traçar uma e somente uma reta paralela à reta r.* Mas não é necessário dizer "pode-se traçar uma paralela", visto que essa possibilidade pode ser provada (e Euclides faz isso) sem necessidade do quinto postulado. Aliás, é interessante observar que Euclides retarda ao máximo a utilização do quinto postulado, o qual aparece pela primeira vez na proposição 27 de seu Livro I. Esta é mais uma razão para se suspeitar que o próprio Euclides talvez pensasse que esse postulado

[1] Uma proposição A é equivalente a uma proposição B se A pode ser deduzida a partir de B e B pode ser deduzida a partir de A. Costuma-se escrever $A \Rightarrow B$ e $B \Rightarrow A$ ou ainda $A \Leftrightarrow B$. Ao leitor menos experiente nessas questões de lógica recomendamos a leitura do excelente artigo de Gilda Palis e Iaci Malta na RPM 37.

[2] Às vezes é referido como "postulado de Hilbert", pois Hilbert (1862–1943) o utilizou em lugar da formulação do quinto postulado como este aparece no livro de Euclides. Mas, antes mesmo de Hilbert, esse postulado foi muito popularizado no livro de Legendre de que falamos há pouco.

pudesse um dia ser demonstrado como teorema.

8.7 Esforços para demonstrar o quinto postulado

Os últimos esforços sérios para demonstrar o postulado das paralelas nos tempos modernos são devidos a Girolamo Saccheri (1667–1733), Johann Heinrich Lambert (1728–1777) e Adrien-Marie Legendre (1752–1833).

Girolamo Saccheri (1667–1733), jesuíta e matemático italiano, foi professor na Universidade de Pavia. Pouco antes de morrer ele publicou um opúsculo intitulado *Euclides ab omni naevo vindicatus* (que significa "Euclides livre de qualquer falha"), com a intenção de demonstrar o quinto postulado. Utilizando o método de redução ao absurdo, ele começa negando o postulado, com o que pretendia chegar a uma contradição, donde concluiria pela veracidade do postulado, agora como teorema. Mas, na verdade, o que Saccheri logrou fazer, a partir de uma das negativas do postulado, foi provar uma série de teoremas que lhe pareciam bastante estranhos[3], porém, sem nenhuma contradição. Ele acabou por proclamar que *a hipótese que fizemos no início* (uma das negativas do quinto postulado) *é absolutamente falsa por ser repugnante à natureza da linha reta.*

O trabalho de Saccheri ficou dormente por mais de um século, até que outro matemático italiano, Eugênio Beltrami (1835–1900), o descobrisse; e quando isso aconteceu as geometrias não euclidianas já eram um fato. Beltrami constatou que não havia nada de errado no trabalho de Saccheri, embora este não tenha se dado conta de que não havia provado o quinto postulado, mas sim descoberto a possibilidade de uma geometria não euclidiana! Era justamente aquela geometria referente à negativa que ele adotara para o quinto postulado. Como se vê, Saccheri estava tão concentrado na ideia de provar a veracidade do quinto postulado, que não percebeu que tinha feito outra coisa não menos importante do que seu intento inicial.

Lambert adotou um procedimento parecido com o de Saccheri, porém avançou muito mais, obtendo resultados interessantes sobre a soma dos ângulos de um triângulo.

O último matemático a se ocupar da demonstração do quinto postulado de Euclides foi Andrien-Marie Legendre (1752–1833). Legendre foi um sábio ilustre, que produziu pesquisas importantes em vários ramos da Matemática, da Física e da Astronomia, e foi também um dedicado professor. Nessa capacidade ele escreveu um livro de grande valor para o ensino da Geometria, já mencionado há pouco. De fato, embora o livro de Euclides ainda fosse usado nas escolas, ele era muito inadequado do ponto de vista didático. O livro de Legendre, *Éléments de*

[3]O que era natural, pois ele estava fora da tradicional geometria euclidiana!

Géometrie[4] foi um vantajoso substituto dos *Elementos de Euclides.*

Em cada uma das sucessivas edições de seu livro, Legendre apresenta uma demonstração do quinto postulado, cada demonstração corrigindo erros da demonstração anterior. Foi assim até a última edição, que saiu no ano de sua morte. Nesse mesmo ano de 1833 veio a lume sua monografia intitulada *Réflections sur différentes manières de démontrer la théorie des parallèles ou le théorème sur la somme des trois angles du triangle.* Mas todas as "demonstrações" de Legendre continham erros que não tinham como ser sanados. Na RPM 22 discutimos uma dessas "demonstrações"; embora errônea, ela encerra excelentes lições de sabedoria e astúcia de seu autor.

As infrutíferas tentativas de demonstrar o quinto postulado ou postulado das paralelas acabou levando à descoberta das geometrias não euclidianas, como veremos no Capítulo 11.

[4]Há edições desse livro em várias bibliotecas universitárias, principalmente nas mais antigas, como a do IME/USP e a do ICM da USP/SC; e também nas bibliotecas do IMPA e da UnB.

Capítulo 9

Conjuntos e números transfinitos

9.1 Introdução

Os gregos sempre evitaram lidar com o infinito, pois esse conceito lhes trazia dificuldades que eles nunca souberam resolver, e por isso eles nunca trataram de conjuntos infinitos. Nem eles nem seus sucessores das civilizações helenística, árabe e da Europa medieval. Foi só no século XIX que os matemáticos começaram a estudar conjuntos infinitos de maneira sistemática. E o primeiro a fazer isso foi Bernhard Bolzano (1781–1848), um ilustre sábio da Boêmia, que nasceu, viveu e morreu em Praga. Era sacerdote católico que, além de se dedicar a estudos de Filosofia, Teologia e Matemática, tinha grandes preocupações com os problemas sociais de sua época. Seu ativismo em favor de reformas educacionais, sua condenação do militarismo e da guerra, sua defesa da liberdade de consciência e em favor da diminuição das desigualdades sociais custaram-lhe sérios embaraços com o governo. As idéias de Bolzano em Matemática não foram menos avançadas. É até admirável que, vivendo em relativo isolamento em Praga, afastado do principal centro científico da época, que era Paris, e com outras ocupações, ele tenha tido sensibilidade para problemas de vanguarda no desenvolvimento da Matemática. Infelizmente, seus trabalhos permaneceram praticamente desconhecidos por várias décadas após sua morte.

Bolzano produziu vários trabalhos matemáticos importantes, mas aqui vamos nos limitar apenas a mencionar seu pioneirismo no tratamento de conjuntos infinitos. Ele escreveu um livro sobre os paradoxos do infinito, publicado postumamente em 1859, no qual aborda várias questões de natureza filosófica e matemática acerca dos conjuntos infinitos. Depois de Bolzano, devemos mencionar Richard Dedekind (1831–1916), um grande nome da Matemática do século

XIX. Ele foi mais longe que Bolzano, utilizando a noção de conjunto na construção dos números reais. Mas foi Georg Cantor (1845–1918) quem mais avançou no estudo dos conjuntos. Neste capítulo falaremos um pouco de Cantor e seu trabalho sobre conjuntos e os chamados *números transfinitos*. No próximo capítulo apresentaremos um apanhado do que aconteceu após o trabalho de Cantor.

9.2 Conjuntos finitos e infinitos, conjuntos enumeráveis

Em 1872 Cantor estava iniciando sua carreira profissional e se ocupava do estudo da representação de funções por meio de séries trigonométricas. Nessa ocupação, ele foi levado a investigar os conjuntos de pontos de descontinuidade de tais funções, os mais simples dos quais são conjuntos com apenas um número finito de pontos. Mas o aparecimento de conjuntos cada vez mais complicados acabou levando Cantor a investigar conjuntos infinitos em sua generalidade. Nesse estudo ele introduziu um conceito simples, que logo se revelaria da maior importância, qual seja, o conceito de *equivalência de conjuntos.*

Segundo Cantor, dois conjuntos são *equivalentes*, ou têm a mesma *cardinalidade* ou *potência*, quando é possível estabelecer uma correspondência que leve elementos distintos de um conjunto a elementos distintos do outro, todos os elementos de um e do outro conjunto sendo objeto dessa correspondência. Uma tal correspondência entre dois conjuntos é chamada *correspondência biunívoca.*

É essa noção de equivalência que dá origem ao conceito abstrato de número natural. De fato, o que faz uma criança de quatro ou cinco anos de idade constatar que numa cesta há três laranjas, noutra três maçãs, e ainda noutra três ovos? Ela chega a essas conclusões — mesmo sem perceber — por constatar que é possível "casar" os elementos de qualquer uma dessas cestas com os elementos de qualquer outra de maneira um-a-um, isto é, de maneira biunívoca. É essa abstração dos elementos concretos de conjuntos equivalentes que nos leva a formar a noção de número natural, um fenômeno que ocorre muito cedo em nossas vidas. Assim, denotando com F_n o conjunto dos primeiros números naturais, $F_n = \{1, 2, 3, \ldots n\}$, é precisamente o fato de um conjunto A ser equipotente a F_n (ou ter a mesma cardinalidade que F_n) que nos faz dizer que A tem n elementos, ou tem o mesmo número de elementos que F_n. Daí definirmos: um conjunto A se diz *finito* quando existe um número natural n tal que A seja equipotente ao conjunto F_n. Um conjunto se diz *infinito* quando não for finito.

No caso de conjuntos finitos, serem equipotentes corresponde a terem o mesmo número de elementos. E no caso de conjuntos infinitos? Bem, nesse caso não faz sentido falar em "número de elementos do conjunto", pois tais conjuntos têm sempre infinitos elementos. Mas como o conceito de cardinalidade é válido tanto para conjuntos finitos como para conjuntos infinitos, e como tal conceito corresponde exatamente ao conceito de número de elementos no caso de conjuntos finitos, é esse conceito que estende, para conjuntos infinitos, a noção de "número de elementos do conjunto".

Assim, de um modo geral, diz-se que dois conjuntos quaisquer A e B têm o mesmo número de elementos se tiverem a mesma *cardinalidade*, ou seja, se forem equipotentes. Essa definição, no caso de conjuntos finitos, não traz nada de novo; mas, como veremos, estende, para conjuntos infinitos, a noção de "número de elementos de um conjunto". Tais números são os chamados *números transfinitos*.

Um exemplo muito simples disso é a seguinte correspondência que podemos estabelecer entre o conjunto dos números naturais e o conjunto de todos os números pares positivos, conforme exibimos a seguir:

$$\begin{array}{cccccccc} 1, & 2, & 3, & 4, & 5, & 6, & 7, \ldots, & n, \ldots \\ \updownarrow & \updownarrow & \updownarrow & \updownarrow & \updownarrow & \updownarrow & \updownarrow & \updownarrow \\ 2, & 4, & 6, & 8, & 10, & 12, & 14, \ldots, & 2n, \ldots \end{array}$$

Essa correspondência pode também ser exibida assim:

$$n \leftrightarrow 2n, \quad n = 1,\ 2,\ 3, \ldots$$

Chama-se *conjunto enumerável* todo conjunto equipotente a $\mathbb{N}$. Assim, o conjunto dos números pares positivos é enumerável, pois, como acabamos de ver, ele é equipotente a $\mathbb{N}$. Não deixa de ser surpreendente, para quem adquire esse conhecimento pela primeira vez, constatar que existem subconjuntos próprios de $\mathbb{N}$ que são equivalentes a $\mathbb{N}$. Não apenas o conjunto dos pares positivos, mas também o conjunto dos números ímpares, o conjunto dos quadrados dos inteiros (1, 4, 9, 16, 25, etc.) e muitos outros mais, todos são equipotentes a $\mathbb{N}$. Esse fenômeno é uma peculiaridade dos conjuntos infinitos e pode ser usado para caracterizar tais conjuntos, isto é, pode-se provar que

Dizer que um conjunto é infinito equivale a dizer que ele é equipotente a um seu subconjunto próprio.

Será que todos os conjuntos infinitos são enumeráveis? Ou seja, equipotentes a $\mathbb{N}$? Veremos que não é assim, mas primeiro vamos estabelecer a enumerabilidade dos números racionais, um resultado já em si surpreendente.

9.3 A enumerabilidade do conjunto $\mathbb{Q}$

Se é surpreendente que o conjunto $\mathbb{N}$ seja equipotente a vários de seus subconjuntos próprios, mais surpreendente é que o conjunto $\mathbb{Q}$ dos números racionais (que são as frações) também seja equipotente a $\mathbb{N}$, isto é, seja enumerável.

Vamos provar isso para o conjunto $\mathbb{Q}_+$ dos racionais positivos. Começamos distribuindo os elementos desse conjunto em vários grupos, cada grupo contendo as frações em que numerador e denominador têm a mesma soma. Por exemplo,

$$\frac{1}{6}, \frac{2}{5}, \frac{3}{4}, \frac{4}{3}, \frac{5}{2}, \frac{6}{1}$$

é o grupo das frações cujos termos têm soma 7. Vamos fazer uma lista de todos esses grupos, começando com aquele cuja soma dos termos das frações é 2 (e que só contém a fração 1/1); depois o grupo das frações 1/2 e 2/1, cuja soma dos termos é 3; e assim por diante, sucessivamente. Ao mesmo tempo riscamos as frações que representam números já representados por frações que apareceram antes. Obtemos a seguinte lista:

$$\frac{1}{1};\quad \frac{1}{2}, \frac{2}{1};\quad \frac{1}{3}, \cancel{\frac{2}{2}}, \frac{3}{1};\quad \frac{1}{4}, \frac{2}{3}, \frac{3}{2}, \frac{4}{1};\quad \frac{1}{5}, \cancel{\frac{2}{4}}, \cancel{\frac{3}{3}}, \cancel{\frac{4}{2}}, \frac{5}{1}, \ldots$$

Esse procedimento resulta numa lista de todos os números racionais. Basta agora enumerá-los na ordem em que aparecem, isto é,

$$r_1 = 1, \quad r_2 = 1/2, \quad r_3 = 2, \quad r_4 = 1/3, \quad r_5 = 3,$$

$$r_6 = 1/4, \quad r_7 = 2/3, \quad r_8 = 3/2, \quad r_9 = 4, \ldots$$

O leitor que vê essa demonstração pela primeira vez pode ficar muito surpreso com essa equivalência entre o conjunto dos números naturais e o dos racionais positivos. Mas repare que a enumeração dos racionais ocorre de maneira bastante "salteada", como se vê pela lista anterior. Não é possível enumerá-los em sua ordem crescente de grandeza. Assim, por exemplo, nessa ordem crescente não existe número racional que venha logo após um número racional qualquer. Qual o primeiro número maior que zero? Não existe! 0,1 é maior que zero; menor que este temos 0,01; menor ainda é 0,001; e assim por diante, todos maiores que zero.

9.4 A não enumerabilidade do conjunto $\mathbb{R}$

A enumerabilidade do conjunto $\mathbb{Q}_+$ poderia sugerir que todos os conjuntos infinitos fossem enumeráveis, como de fato se acreditava fosse verdade. E se fosse assim, a noção de cardinalidade seria desnecessária. Em 1874 Cantor surpreendeu o mundo matemático com uma de suas primeiras descobertas importantes sobre conjuntos: a de que o conjunto dos números reais não é enumerável, ou seja, tem cardinalidade diferente da do conjunto $\mathbb{N}$ dos números naturais.

Antes de entrar na demonstração desse fato, observamos que os números racionais — ou frações — têm representação decimal finita ou infinita e periódica. E as representações decimais infinitas e não periódicas? Estas correspondem aos números irracionais, como veremos no final do capítulo. O conjunto dos números reais $\mathbb{R}$ é a união de todos os números racionais e irracionais.

Para provar que os números reais formam um conjunto não enumerável, trabalharemos primeiro com os números do intervalo (0, 1). Observe que alguns desses números têm mais de uma representação decimal, como 0,4 e $0,3999\ldots$ Para que isso não aconteça, adotaremos, para cada número, sua representação decimal infinita. Assim,

$$0,437 = 0,436999\ldots; \quad 0,052 = 0,051999\ldots \text{ etc.}$$

E com esse procedimento cada número terá uma única representação decimal infinita.

Suponhamos que fosse possível estabelecer uma correspondência biunívoca dos números do intervalo (0, 1) com os números naturais. Veremos que isto é um absurdo, donde conluiremos que o conjunto dos números do intervalo (0, 1) não é enumerável.

Se fosse possível a tal correspondência biunívoca, os números do referido intervalo seriam os elementos de uma sequência infinita x_1, x_2, $x_3, \ldots$ Escritos em suas representações decimais, esses números seriam, digamos,

$$\begin{aligned} x_1 &= 0, a_{11}a_{12}a_{13}\ldots a_{1n}\ldots \\ x_2 &= 0, a_{21}a_{22}a_{23}\ldots a_{2n}\ldots \\ x_3 &= 0, a_{31}a_{32}a_{33}\ldots a_{3n}\ldots \\ &\cdots\cdots\cdots\cdots\cdots\cdots \\ x_n &= 0, a_{n1}a_{n2}a_{n3}\ldots a_{nn}\ldots \\ &\cdots\cdots\cdots\cdots\cdots\cdots \end{aligned}$$

onde os a_{ij} são algarismos de zero a 9. O último passo da demonstração consiste em produzir um número do intervalo (0, 1) que não esteja nessa lista, o que é feito pelo chamado *processo diagonal* de Cantor, usado em muitas outras situações. Construímos um número que seja diferente de x_1 na primeira casa decimal, diferente de x_2 na segunda casa, diferente de x_3 na terceira, e assim por diante, de sorte que esse número não coincidirá com nenhum dos números da lista acima. Para termos uma regra específica[1], vamos construir o número $x = 0, a_1a_2a_3\ldots$ desejado, pondo $a_i = 6$ se $a_{ii} = 5$ e $a_i = 5$ se $a_{ii} \neq 5$. Como esse número não está na lista acima, chegamos a uma contradição com a suposição

[1]A regra não pode produzir um número que só contenha zeros a partir de uma certa casa decimal, pois, como já dissemos, não estamos permitindo tal representação.

inicial de que o conjunto dos números do intervalo (0, 1) fosse enumerável. Isso nos leva a concluir que esse conjunto não é enumerável. E, consequentemente, o conjunto $\mathbb{R}$ de todos os números reais também não é enumerável, pois esse conjunto contém o intervalo (0, 1).

9.5 Números transfinitos

Com a demonstração que acabamos de apresentar, Cantor mostrou que existem pelo menos dois tipos diferentes de infinito: o do conjunto dos números naturais e o do conjunto dos números reais.

Cantor provou outro fato não menos perturbador: o de que, dado um conjunto qualquer, é sempre possível construir outro conjunto maior ainda, maior no sentido de que ele contém o primeiro conjunto como parte própria e não é equipotente a essa sua parte própria. Sendo assim, esses dois conjuntos têm cardinalidades diferentes. Isso permite ordenar as cardinalidades dos conjuntos, criando o que chamamos *números transfinitos*. Um tal número nada mais é que a cardinalidade de um conjunto. Voltaremos a esse assunto no capítulo seguinte.

9.6 Números irracionais

O primeiro número irracional com que nos familiarizamos, ainda no ensino fundamental, é o número π, razão do comprimento de uma circunferência pelo seu diâmetro. Mas como a demonstração da irracionalidade desse número está fora do alcance da Matemática do ensino fundamental e médio, o aluno é apenas informado de que a expansão decimal desse número é infinita e não periódica.

Um pouco mais tarde, ainda no ensino fundamental, o aluno trava conhecimento com os radicais; e, novamente, é apenas informado de que números como $\sqrt{2}$, $\sqrt{3}$ etc., são números irracionais (embora esteja perfeitamente ao seu alcance entender a demonstração da irracionalidade desses números).

Esse "aprendizado" dos números irracionais deixa no aluno a impressão de que números irracionais são o π e alguns radicais; e ele talvez até forme a ideia de que o conjunto desses números seja bem reduzido, no máximo enumerável. Mas isto não é verdade. De fato, se os irracionais fossem enumeráveis, poderíamos escrevê-los em sequência, assim: $i_1, i_2, i_3, \ldots$. E então poderíamos entrelaçá-los com os racionais $r_1, r_2, r_3, \ldots$, obtendo todos os números reais na forma da sequência

$$r_1, i_1, r_2, i_2, r_3, i_3, \ldots,$$

o que é uma contradição com o que acabamos de provar, ou seja, que o conjunto dos números reais não é enumerável.

9.7 Demonstração de que $\sqrt{2}$ é irracional

Há pouco dissemos que $\sqrt{2}$ é irracional. E parece que o primeiro número irracional a ser descoberto foi mesmo $\sqrt{2}$. Em geral, é difícil saber se um dado número é irracional ou não, como é o caso do número π. Mas é relativamente fácil demonstrar que o número $\sqrt{2}$ é irracional. Vamos fazer essa demonstração raciocinando por absurdo. Se $\sqrt{2}$ fosse racional, haveria dois inteiros positivos p e q, tais que $\sqrt{2} = p/q$, sendo p/q uma fração irredutível, isto é, p e q primos entre si, ou seja, eles não têm divisor comum maior do que 1. Elevando essa igualdade ao quadrado, obtemos $2 = p^2/q^2$, donde

$$p^2 = 2q^2.$$

Isso mostra que p^2 é par, donde concluímos que p também é par (se p fosse ímpar, p^2 seria ímpar), digamos $p = 2r$, com r inteiro. Substituindo na equação anterior, obtemos:

$$4r^2 = 2q^2, \quad \text{ou} \quad q^2 = 2r^2.$$

Daqui concluímos, como no caso de p, que o número q também deve ser par. Isso é absurdo, pois então p e q são ambos divisíveis por 2 e p/q não é fração irredutível. O absurdo a que chegamos é consequência da hipótese que fizemos no início, de que $\sqrt{2}$ fosse racional. Somos, assim, forçados a afastar essa hipótese e concluir que $\sqrt{2}$ é irracional.

Observação. A demonstração que acabamos de fazer é, na verdade, a demonstração de que não existe número racional cujo quadrado seja 2. A rigor, afirmar que $\sqrt{2}$ é um número irracional só é possível no pressuposto de que já estejamos de posse dos números irracionais, mas isso requer a construção lógica desses números, o que escapa de nossos objetivos aqui.

9.8 Representação decimal

A representação que acabamos de fazer pode levar o leitor a perguntar: como é então a representação decimal dos números irracionais?

Vamos primeiro relembrar a situação com os números racionais. Eles têm representação decimal de dois tipos: decimais finitas e decimais periódicas. As decimais finitas ocorrem quando a fração ordinária (em forma irredutível) a ser transformada em decimal só contiver, em seu denominador, os fatores primos 2 e/ou 5. Exemplos:

$$\frac{1}{2} = \frac{1 \times 5}{2 \times 5} = \frac{5}{10} = 0,5; \qquad \frac{3}{5} = \frac{3 \times 2}{5 \times 2} = \frac{6}{10} = 0,6;$$

$$\frac{17}{20} = \frac{17 \times 5}{20 \times 5} = \frac{85}{100} = 0,85; \quad \frac{13}{25} = \frac{13 \times 4}{25 \times 4} = \frac{52}{100} = 0,52.$$

Mas se o denominador da fração irredutível contiver algum fator primo diferente de 2 e 5, então a decimal resultante será periódica. Exemplos:

$$\frac{5}{6} = 0,833\ldots, \quad \frac{3}{22} = 0,13636\ldots, \quad \frac{70}{11} = 6,3636\ldots$$

A transformação inversa, seja de decimais finitas, seja de decimais periódicas, resulta sempre em frações ordinárias.

Vemos então que o que resta para os números irracionais são representações decimais infinitas e não periódicas. E é fácil construir tais representações, basta proceder de tal maneira a não permitir o aparecimento de período. Exemplos:

$$0,30300300030000\ldots; \quad 4,575577555777\ldots$$

Um número irracional muito presente na Matemática é o número π. Vamos escrevê-lo aqui com 49 casas decimais:

$$\pi = 3,1415926535897932384626433832795028841971693993751\ldots$$

Examinando essa representação decimal não se nota período nenhum. Mas isso não permite concluir que o número seja irracional; afinal, o período pode ter centenas, milhares, milhões, bilhões de algarismos ou mais! Sabemos que o número π é irracional porque isso é demonstrado! Sem demonstração não se pode concluir nada. Mas a demonstração da irracionalidade de π é muito técnica para ser apresentada aqui.

Capítulo 10

A Teoria dos Conjuntos

10.1 Introdução

Foi por volta de 1960 que a noção de conjunto foi introduzida no ensino básico, na maior parte dos países do mundo, inclusive o Brasil. Mas essa inovação, da maneira como foi feita, acabou trazendo mais malefícios do que benefícios. Tanto assim que em países desenvolvidos, como os Estados Unidos, a abordagem de conjuntos declinou rapidamente já no final da década de 1960, e estava praticamente eliminada nos anos 1970. Já no Brasil o hábito de incluir conjuntos no ensino básico perdurou por muito mais tempo, e até hoje há quem insista num exagero de notação e linguagem de conjuntos, mesmo para ensinar Aritmética às crianças. Mas, felizmente, já se observa um declínio pronunciado desse ensino, a ponto de haver bons livros de autores competentes que reduziram muito o tratamento de conjuntos. Neste capítulo vamos apresentar tópicos pouco sabidos da teoria dos conjuntos, mais para informar o leitor além daquilo que se aprende no ensino básico.

10.2 Cantor e os conjuntos infinitos

Logo no início de um de seus trabalhos sobre os números transfinitos, Cantor define conjunto com as seguintes palavras: *por conjunto entenderemos qualquer coleção numa totalidade M de objetos distintos, produtos de nossa intuição ou pensamento.*

A rigor, isso não é bem uma definição, pois exige que já saibamos o que seja "coleção", vocábulo esse que é sempre tomado como sinônimo de conjunto. Na verdade, Cantor está apenas explicando, em linguagem imprecisa que seja, sua percepção do conceito de conjunto, que, diga-se de passagem, era a única que poderia ocorrer a qualquer matemático de seu tempo. Veremos que esse conceito, utilizado livremente, pode levar a sérias contradições.

10.3 Teorema de Cantor e infinidade dos números transfinitos

A noção de cardinalidade ou potência de um conjunto, introduzida no final do capítulo anterior, permitiu que Cantor introduzisse e estudasse os "números transfinitos", que nada mais são do que as potências dos conjuntos infinitos. Em particular, Cantor mostrou como ordenar os conjuntos segundo suas potências. Assim, denotando as potências com os mesmos símbolos com que estamos denotando os conjuntos, podemos escrever $\mathbb{N} = \mathbb{P} = \mathbb{Q} < \mathbb{R}$, onde $\mathbb{N}$, $\mathbb{P}$, $\mathbb{I}$, $\mathbb{Q}$ e $\mathbb{R}$ denotam os conjuntos dos números naturais, dos pares, dos ímpares, dos racionais e dos reais, respectivamente.

Vamos mostrar agora como Cantor logrou construir toda uma infinidade de números transfinitos, ou seja, uma infinidade de conjuntos infinitos, todos com diferentes potências. Primeiro vamos ilustrar a construção no caso de um conjunto finito bem simples, com apenas três elementos, digamos, o conjunto $M = \{a,\ b,\ c\}$. Vamos formar o conjunto de todos os subconjuntos de M. Denotando, como de costume, o conjunto vazio por ϕ, esses subconjuntos são os oito conjuntos seguintes:

$$\phi,\ \{a\},\ \{b\},\ \{c\},\ \{a,\ b\},\ \{a,\ c\},\ \{b,\ c\},\ \{a,\ b,\ c\}.$$

O conjunto de todos esses subconjuntos, chamado o *conjunto das partes de M*, costuma ser denotado com o símbolo $\mathcal{P}(M)$. Assim,

$$\mathcal{P}(M) = \{\phi,\ \{a\},\ \{b\},\ \{c\},\ \{a,\ b\},\ \{a,\ c\},\ \{b,\ c\},\ \{a,\ b,\ c\}\}.$$

Já observamos que a noção de potência permite ordenar os conjuntos. Assim, no caso do conjunto M que estamos considerando, temos, em termos de suas potências, $M < \mathcal{P}(M)$. Esse fato, aqui ilustrado no caso de um conjunto de três elementos, pode ser facilmente demonstrado para qualquer conjunto finito; e pode ser demonstrado, sem muita dificuldade, para conjuntos quaisquer, finitos ou infinitos, como fazemos em Apêndice no final deste capítulo. Esse resultado de Cantor permite construir, a partir de um conjunto infinito inicial M, toda uma infinidade de conjuntos infinitos com cardinalidade crescente:

$$M < \mathcal{P}(M) < \mathcal{P}(\mathcal{P}(M)) < \mathcal{P}(\mathcal{P}(\mathcal{P}(M))) < \ldots$$

resultado esse que também é devido a Cantor.

10.4 O paradoxo de Cantor

Vamos descrever agora um dos primeiros paradoxos da teoria dos conjuntos, surgido com o próprio Cantor[1]. Aceitando a definição de conjunto dada por Cantor, podemos conceber o conjunto U de todos os conjuntos. Esse conjunto U seria, por assim dizer, o *conjunto universal*, portanto, teria potência máxima, já que reuniria todos os conjuntos passíveis de consideração. Em particular, ele teria de ser um elemento de si mesmo, o que já é, em si, um pouco estranho. Pior que isso é que, ao considerarmos o conjunto das partes de U, isto é, o conjunto $\mathcal{P}(U)$, somos levados, pelo próprio teorema de Cantor, a concluir que $\mathcal{P}(U) > U$. Ora, isso contradiz a suposição inicial, de que existe um conjunto universal U, ou conjunto de todos os conjuntos. Tal conjunto não existe, como não existe infinito absoluto, isto é, que seja o "maior" de todos.

10.5 Frege e o paradoxo de Russell

Dentre os muitos outros paradoxos que foram sendo descobertos, merece especial atenção o chamado paradoxo de Russell, que está contido numa carta que Bertrand Russell (1872–1970) escreveu a Gottlob Frege (1848–1925) em 1902. Frege recebeu a carta de Russell no momento em que estava para publicar o segundo volume de uma obra em que fundamentava toda a aritmética na teoria dos conjuntos. Ele reagiu com as seguintes palavras: "Nada mais indesejável para um cientista do que ver ruir os fundamentos do edifício, justamente no momento em que ele está sendo concluído. Foi nessa incômoda situação que me encontrei ao receber uma carta do Sr. Bertrand Russell no momento em que meu trabalho já estava indo para o prelo".

Para explicar o paradoxo de Russell, começamos observando que um conjunto pode ser elemento de outro conjunto, como já vimos atrás, no caso do conjunto das partes de um dado conjunto. Outro exemplo: uma reta é um conjunto de pontos; e podemos formar o conjunto das retas de um dado plano, portanto, um conjunto de conjuntos.

Um conjunto pode ser elemento de si mesmo, como o conjunto de todas as ideias abstratas, pois tal conjunto também é uma ideia abstrata; portanto, ele é um elemento de si mesmo. Outro exemplo: o conjunto dos conjuntos que possuem mais de dois elementos é um elemento de si mesmo, pois ele, com certeza, possui mais de dois elementos.

Não se perturbe o leitor se achar muito estranha essa ideia de haver um con-

[1] "Paradoxo" é uma palavra que é usada para significar uma contradição apenas aparente, que pode ser resolvida. Mas, às vezes, tem o significado de uma contradição verdadeira e insolúvel, e é nesse último sentido que a empregamos aqui.

junto pertencendo a si mesmo. Falamos desse conceito somente porque desejamos, isto sim, considerar conjuntos que não pertencem a si mesmos, como o conjunto dos números naturais, dos inteiros, dos divisores de 360, o conjunto dos vértices de um poliedro etc.

Vamos considerar o conjunto de todos os conjuntos que não pertencem a si mesmos, e que denotaremos por M. Assim, de maneira simbólica e explícita,

$$M = \{x|\ x \notin x\}.$$

Pergunta: $M \in M$? Não, pois M seria um certo x tal que $x \in x$, donde, pela definição de M, $x \notin M$, isto é, $M \notin M$.

Será então que $M \notin M$? Também não, pois M seria um certo x tal que $x \notin x$, donde, pela definição de M, $x \in M$, isto é, $M \in M$.

Em resumo,

$$M \in M \Leftrightarrow M \notin M.$$

Estamos diante de um paradoxo, que surgiu da consideração do conjunto M de todos os conjuntos que não pertencem a si mesmos.

10.6 Por que surgem paradoxos?

Nada há de errado com o raciocínio que acaba nos levando, tanto ao paradoxo de Cantor como ao de Russell. Se não há nada de errado, como então fomos chegar a esses paradoxos?

Os paradoxos surgem por que o universo do discurso é muito amplo; e acaba abarcando essas contradições. O próprio conceito de conjunto, segundo Cantor, foi originariamente concebido de maneira muito livre, e acabou levando o próprio Cantor a um paradoxo insuperável.

Veja este exemplo, mostrando a que nos leva o uso muito livre da linguagem: um rei mandou dizer a um condenado que ele morreria na fogueira se as últimas palavras do condenado encerrassem uma verdade; e morreria na forca se falasse uma falsidade. O condenado disse: vou morrer na forca. Em consequência, o rei não pode executá-lo nem na fogueira (se não o condenado teria dito uma falsidade), nem na forca (se não o condenado teria falado uma verdade). E por que esse impasse? Simplesmente porque a decisão final depende de algo fluido, aquilo que o condenado ainda vai falar. Isso não pode ser permitido; o universo do discurso tem de ser devidamente restrito para não abrigar possíveis contradições ou impasses.

Por causa dos paradoxos, alguma coisa tinha de ser feita. Foi então que vários matemáticos cuidaram de formular um sistema de axiomas, a partir dos quais fosse possível estabelecer os resultados da teoria, libertando-a, ao mesmo tempo, dos paradoxos que vinham surgindo e de outros mais que pudessem aparecer.

10.7 Zermelo e o axioma da especificação

Ernst Zermelo (1871–1953) foi um dos matemáticos que mais sucesso tiveram nesse empreendimento de axiomatizar devidamente a teoria dos conjuntos. Nascido em Berlim, Zermelo estudou Matemática, Física e Filosofia nas universidades de Berlim, Halle e Freiburg. Foi professor em Götingen e Zurique. Ainda cedo em sua vida profissional, Zermelo teve de interromper sua carreira por problemas de saúde e, mais tarde, por problemas com o regime nazista de Hitler. Embora seus principais trabalhos situem-se na área de lógica e fundamentos da Matemática, Zermelo também possui contribuições em Mecânica e Análise Aplicada.

Em suas considerações sobre os paradoxos, notadamente os de Cantor e Russell, Zermelo percebeu que duas coisas não poderiam coexistir: a consideração livre de conjuntos, como o conjunto universal, e a caracterização de um conjunto por uma propriedade de seus elementos (sem maiores restrições). Ora, esta última condição era muito natural e não deveria ser descartada. Zermelo optou pela impossibilidade de se considerar conjuntos sem qualquer restrição, como no caso do conjunto de todos os conjuntos, ou o conjunto de todos os conjuntos que não pertencem a si mesmos. Ele teve a intuição de que seria possível considerar conjuntos infinitos, porém, sempre a partir de algum conjunto preexistente. Assim, de posse do conjunto dos números naturais $\mathbb{N}$, podemos considerar o conjunto dos pares de números naturais (a, b), com $b \neq 0$, a partir dos quais construímos o conjunto dos números racionais; a partir desse conjunto podemos construir o conjunto dos números reais, depois o dos números complexos. Conjuntos mais e mais amplos, em termos de cardinalidade, podem ser formados a partir de qualquer conjunto M, em particular a sequência crescente

$$M < \mathcal{P}(M) < \mathcal{P}(\mathcal{P}(M)) < \mathcal{P}(\mathcal{P}(\mathcal{P}(M))) < \text{etc.}$$

Foi seguindo essa linha de raciocínio que Zermelo formulou o seguinte axioma, que veio a ser chamado *axioma da especificação*:

Dados um conjunto A e uma propriedade $P(x)$, existe um conjunto M cujos elementos são os elementos de A que satisfazem a propriedade $P(x)$. Simbolicamente, $M = \{x \in A |\ P(x)\}$.

É interessante observar que estamos, a toda hora, usando esse axioma na formação de novos conjuntos a partir de um conjunto dado, frequentemente sem perceber isso. Considere, por exemplo, as afirmações: "O conjunto das raízes reais do polinômio $x^5 - 7x^3 + 1$"; "o conjunto dos triângulos de base AB e altura h"; "o conjunto dos coeficientes binomiais de ordem 7". Em todos esses casos estamos formando conjuntos com a ajuda do axioma da especificação.

10.8 O paradoxo de Richard

Mas será mesmo que o axioma da especificação terá exorcizado todo e qualquer paradoxo da teoria dos conjuntos? Faremos um teste, tentando construir o conjunto de todos os números naturais que podem ser descritos com menos de 20 palavras na língua portuguesa. Exemplos de tais números: o maior divisor primo do número 4056; o número de pessoas registradas nos cartórios de Goiânia; o número de gols válidos marcados em partidas jogadas no estádio do Maracanã desde 1950. Todos esses números estão bem definidos com menos de 20 palavras da língua portuguesa.

Seja M o conjunto que estamos especificando, isto é, M é o conjunto dos números naturais que podem ser descritos com menos de 20 palavras. Trata-se de um conjunto finito, pois finito é o número de arranjos de todas as palavras da língua portuguesa em grupos de menos de 20 palavras; e de todos esses grupos interessa considerar apenas uma fração, justamente aqueles grupos que resultam em definições significativas de números naturais. Portanto, o complementar M' de M é um subconjunto infinito do conjunto dos números naturais; e, como tal, possui um menor elemento. Seja m esse menor elemento de M'. O que é m? Resposta: "m é o menor número natural que não pode ser descrito com menos de vinte palavras da língua portuguesa". Ora, acabamos de descrever m com apenas 18 palavras!

Como se vê, estamos diante de um novo paradoxo, o *paradoxo de Richard* (1862–1956), resultante da construção de um conjunto com o axioma da especificação. Como podemos evitar mais esse paradoxo da teoria?

10.9 As imprecisões da linguagem

O paradoxo anterior nos põe diante de um problema sério, que é a linguagem que usamos para nos comunicar. Ora, a linguagem, por mais correta que seja, contém muitas imprecisões e ambiguidades. Vejamos alguns exemplos:

A testemunha forneceu informações aos membros da CPI que poderão ajudar na descoberta do esquema de corrupção. O que ou quem vai ajudar, as informações ou os membros da CPI?

O importante na Matemática são as ideias, não a notação e o formalismo, como pensam muitos professores. O que pensam os professores, que o importante são as ideias ou a notação e o formalismo?

A diretora pediu que o professor comunicasse aos alunos sua alegria pelo pro-

gresso que eles vinham fazendo nos estudos. Alegria da diretora ou do professor?

A oposição acha que o governo está dividido e quer impedir a votação da matéria. Quem quer impedir, a oposição ou o governo?

Todas essas frases são perfeitamente normais na linguagem corrente; nada de errado com elas, embora não resistam às demandas do rigor lógico. E não é por isso que vão deixar de ser usadas. Pelo contrário, às vezes até certas omissões no uso da linguagem são necessárias para valorizar um trecho escrito ou falado. Isso é frequente em obras literárias, prosa ou poesia. E mesmo quando se conta uma anedota, é comum usar de meias palavras ou omitir alguma coisa, para deixar à esperteza do ouvinte uma parte na interpretação do resultado final.

Kurt Gödel (1906–1978), um dos maiores lógicos do século XX, disse certa vez: "Quanto mais reflito sobre a linguagem, tanto mais me admiro que as pessoas consigam se entender umas com as outras".

10.10 A linguagem formal

A conclusão é simples: a linguagem corrente não atende às exigências do rigor lógico. Alguma coisa tinha de ser feita para evitar paradoxos como o último que mencionamos atrás. Isso aconteceu em 1922, quando dois matemáticos, Adolf Fraenkel (1891–1965) e Thorolf Skolem (1887–1963), propuseram que a linguagem corrente fosse completamente banida da Matemática e substituída por uma linguagem formal, construída com poucos símbolos e as regras de sintaxe necessárias para se conduzir o raciocínio dedutivo. Os símbolos incluem os conhecidos símbolos matemáticos, como os sinais de adição, subtração, igualdade etc. além de outros, como "$\Rightarrow$" (significando "implica"), "$\exists$" (significando "existe"), "$\forall$" (significando "para todo"), "$\in$" (significando "pertence"), os sinais de parênteses, símbolos para as variáveis etc. Por exemplo, lidando com o conjunto dos números naturais $\mathbb{N}$, quando escrevemos

$$n \in \mathbb{N} \Rightarrow \exists\, a,\ b,\ c,\ d \in \mathbb{N},\ n = a^2 + b^2 + c^2 + d^2,$$

estamos expressando, em linguagem formal, o seguinte teorema de Euler: "Todo número natural é a soma de quatro quadrados". A mesma proposição pode ainda ser escrita assim:

$$\forall n \in \mathbb{N},\ \exists\, a,\ b,\ c,\ d \in \mathbb{N},\ n = a^2 + b^2 + c^2 + d^2.$$

A propriedade que utilizamos acima para definir um conjunto, qual seja, "conjunto de todos os números naturais que podem ser descritos com menos de 20 palavras na língua portuguesa" não é passível de ser expressa em linguagem formal, portanto, está excluída de considerações matemáticas. E desde a proposta de Fraenkel e Skolem em 1922 ninguém conseguiu ainda formular uma propriedade em linguagem formal que conduzisse a algum paradoxo.

10.11 Linguagem formal e linguagem corrente

Dissemos acima que a linguagem corrente ficaria banida do universo matemático, sendo permitida apenas a linguagem formal. Isso apenas em tese. A importância da linguagem formal é a de ser um instrumento para estudar a consistência das teorias matemáticas, não para ser usada no dia a dia do matemático. Nem os lógicos que estudam os fundamentos da Matemática insistem no desatino de fazer tudo em linguagem formal; nem isso é possível! No mais das vezes é difícil, ou mesmo uma tarefa hercúlea, traduzir o enunciado de um teorema em linguagem formal. Não se perturbe, pois, o professor, com seu hábito de usar linguagem corrente em Matemática; não há razão alguma para trocá-la por linguagem formal. E não perturbe também seus alunos com exemplos esdrúxulos de conjuntos, que só podem causar dificuldades ao próprio professor. Não queira, pois, falar no conjunto dos fios da barba do imperador, pois não há como saber, ao certo, onde termina a barba e onde começam os fios do pescoço... ou os cabelos da cabeça! E esse conjunto seria aquele de quando o imperador tinha 23 anos de idade? ou 47? No dia do aniversário? ou três meses depois? Afinal, por que perturbar seus alunos com essas coisas que não têm nada a ver com a Matemática?... Também não queira falar no conjunto dos dígitos que aparecem infinitas vezes na expansão decimal de $\sqrt{2}$; você não tem nem como saber se 3 está ou não nesse conjunto, como pode então saber se isso é mesmo um conjunto?

10.12 Ainda a linguagem e o simbolismo

A Matemática depende muito de sua linguagem e simbolismo específicos. Mas é também a linguagem e o simbolismo próprios da Matemática que a tornam tão inacessível, principalmente ao leigo, mesmo o "leigo culto". Assim, podemos dizer, em certo sentido, que a linguagem e o simbolismo da Matemática são um mal necessário. E por causa mesmo dessas dificuldades inerentes à linguagem e ao simbolismo é que se torna tão necessário o devido cuidado na boa utilização desses instrumentos para que eles exerçam o desejado papel no aprendizado e não o prejudiquem.

É preciso que o professor tenha sempre presente que o objetivo de todo ensino, seja de Matemática ou de qualquer outra disciplina, é transmitir ideias, estimular o pensamento independente e a criatividade. Linguagem e simbolismo são muito úteis e indispensáveis enquanto ajudam na transmissão e agilização das ideias. Infelizmente, o que muito acontece no ensino é que a linguagem de conjuntos e o excesso de simbolismo e terminologia, além de não ajudarem, só atrapalham. Por exemplo, não há benefício algum em insistir com as crianças sobre a diferença entre número e numeral; isso só traz prejuízos, pois cria uma preocupação desnecessária na mente do aluno. Do mesmo modo, para introduzir a ideia de função não é preciso apelar para produto cartesiano de conjuntos, muito menos para a noção de relação, como ainda costuma ser feito em alguns livros do ensino médio. Isso nada tem de motivador. Em situações como essas, o excesso de linguagem obstrui o mais importante, que são as ideias. Por exemplo, é muito mais natural e fácil dizer "2 e 5 são as raízes da equação $x^2 - 7x + 10 = 0$" do que "o conjunto-verdade da sentença $x^2 - 7x + 10 = 0$ é $V = 2, 5$". Por que introduzir as noções de "sentença aberta" e "sentença fechada" se tudo pode ser feito sem isso? Nenhum matemático profissional utiliza esse linguajar! E o natural é seguir o costume dos matemáticos profissionais, e não ficar inventando pedantices artificiais que só fazem obstruir o caminho do aprendizado.

É importante observar que linguagem não motiva ninguém, ideias sim. Nenhum aluno pode se interessar por qualquer coisa onde não veja algum elemento que o satisfaça ou aguce a curiosidade. O mesmo é verdade no caso dos matemáticos que contribuíram para o desenvolvimento de sua ciência. Eles estavam sempre interessados nas ideias e nos métodos e técnicas delas resultantes. Foram introduzindo linguagem e simbolismo por necessidade prática. O mesmo devemos fazer no ensino: só introduzir esses elementos quando eles se fizerem necessários para auxiliar no aprendizado de coisas verdadeiramente relevantes.

10.13 Palavras finais

Cantor, quando começou a publicar seus trabalhos sobre conjuntos, encontrou críticas e objeções de matemáticos importantes e de grande prestígio. Seu mais ferrenho opositor foi Leopoldo Kronecker (1823–1891), um matemático de grande mérito e respeitado professor da Universidade de Berlim, que chegou a chamar Cantor de charlatão. Outro grande matemático da época, Henry Poincaré (1854–1912), considerava a Teoria dos Conjuntos uma doença que o tempo se encarregaria de erradicar da Matemática. Mas Cantor teve também admiradores e seguidores entusiastas, dentre os quais David Hilbert (1862–1943) que, juntamente com Poincaré, forma a dupla dos maiores matemáticos depois de Gauss (1777–1855). Ele disse: "Ninguém nos tirará do paraíso em que Cantor nos colocou".

Com o passar dos anos as descobertas de Cantor e seus seguidores — descritas neste e no capítulo anterior — tiveram grande impacto no mundo matemático de fins do século XIX e início do século XX. Para bem entender o que então acontecia é bom lembrar que desde o princípio do século XIX era crescente a preocupação com o rigor, primeiro na Análise Matemática, porém, mais tarde também na Geometria, depois da descoberta das geometrias não euclidianas. A partir de aproximadamente 1870, quando Cantor iniciava sua vida profissional, as atividades de pesquisa nas áreas de axiomatização e fundamentos intensificaram-se rapidamente. E a Teoria dos Conjuntos, que então se desenvolvia, revelou-se muito adequada para ser o fundamento de toda a Matemática. Voltaremos a falar sobre isso no próximo capítulo.

Há uma outra razão por que a Teoria dos Conjuntos é importante em Matemática, fora da área dos Fundamentos da Matemática propriamente dita. É que desde os tempos de Cantor muitas disciplinas novas surgiram, como a Topologia, a Álgebra Abstrata, a Teoria da Medida e Integração, a Teoria da Probabilidade, a Análise Funcional e outras mais. E em todas essas disciplinas — que, ao contrário de estanques e separadas, no mais das vezes se entrelaçam por meio de fronteiras indistinguíveis — em todas elas a linguagem, a notação e os resultados da Teoria dos Conjuntos se revelaram instrumento natural de trabalho, a ponto de ser impossível conceber o desenvolvimento de toda essa Matemática sem a utilização de conjuntos. O mesmo não se pode dizer no caso do ensino fundamental e médio, onde apenas algumas poucas noções de conjuntos são suficientes para toda a Matemática que se desenvolve nesses níveis do ensino.

10.14 Apêndice

Teorema de Cantor: *Qualquer que seja o conjunto M, sua potência é sempre menor do que a potência de P(M), isto é,* $M < \mathcal{P}(M)$.

Demonstração. A aplicação $m \in M \mapsto \{m\} \in \mathcal{P}(M)$ é injetiva, portanto, prova que $M \leq \mathcal{P}(M)$.

Para efetivamente provar que $M < \mathcal{P}(M)$, seja $m \in M \mapsto M_m$ uma aplicação qualquer de M em $\mathcal{P}(M)$, onde M_m é o subconjunto de M que é a imagem de m pela referida aplicação. Em seguida, consideramos o conjunto $B = \{x \in M | \, x \notin M_x\}$, que é um subconjunto de M, podendo mesmo ser o conjunto vazio. Vamos mostrar que ele difere de qualquer M_m, com m variando em M. De fato, qualquer que seja $m \in M$, B e M_m diferem pelo elemento m, pois

$$m \in B \Rightarrow m \notin M_m \quad \text{e} \quad m \notin B \Rightarrow m \in M_m.$$

Sendo B diferente de todo M_m, com m variando em M, vemos que não existe aplicação de M sobre $\mathcal{P}(M)$, muito menos biunívoca (ou bijetora). Concluímos, pois, que $M < \mathcal{P}(M)$, como queríamos provar.

Capítulo 11

As geometrias não euclidianas e suas consequências

11.1 Introdução

No Capítulo 8 falamos do método axiomático na organização da Geometria, um método que, pelo que sabemos, foi primeiro empregado nos *Elementos de Euclides.*[1] No presente capítulo falaremos da descoberta das geometrias não euclidianas e da influência que isso teve no aprimoramento do método axiomático dos *Elementos*. Não obstante os *Elementos* terem sido muito utilizados através dos séculos, foi só a partir do aparecimento das geometrias não euclidianas por volta de 1830, que o método axiomático voltou a ser considerado e estudado com cuidado. E, aliado ao desenvolvimento da Teoria dos Conjuntos, fez surgir, no início do século XX, a disciplina Fundamentos da Matemática. Esta, por sua vez, esteve sempre muito ligada à Lógica Matemática, e essas duas disciplinas caminharam juntas e fizeram grandes progressos durante as primeiras quatro décadas do século.

11.2 A geometria hiperbólica

Por volta de 1820 já havia sérias dúvidas sobre a possibilidade de demonstrar o postulado das paralelas a partir dos outros postulados. Em consequência, pensava-se que se pudesse desenvolver outras geometrias a partir das diferentes maneiras de negar o postulado das paralelas. Foi nessa época que o matemático russo Nicokolai Ivanovich Lobatchevsky (1792–1856) e o húngaro János Bolyai

[1]Não temos como comprovar que Euclides tenha sido o primeiro a utilizar esse método, já que a quase totalidade dos escritos anteriores a Euclides se perderam.

(1802–1860) anunciaram, independentemente um do outro, a descoberta de geometrias não euclidianas. O trabalho de Lobatchevsky é de 1829 e o de Bolyai veio a lume como um apêndice de um livro publicado por seu pai em 1831[2].

Como Saccheri, Lobatchevsky e Bolyai também começaram negando o postulado das paralelas[3] e procedendo a deduzir uma série de teoremas bem diferentes dos conhecidos teoremas da antiga Geometria Euclidiana; mas, ao contrário de Saccheri, afirmaram terem descoberto uma geometria alternativa à Geometria Euclidiana, isto é, uma geometria sem contradições internas. Por isso mesmo são considerados os descobridores dessa geometria, conhecida como *Geometria Hiperbólica.*

Mas os trabalhos de Lobatchevsky e Bolyai não convenceram os matemáticos da possibilidade de uma geometria negando o postulado das paralelas. Afinal, Saccheri, Lambert, Lobatchevsky e Bolyai nada mais fizeram do que negar esse postulado e provar uma série de teoremas sem encontrar contradição alguma. E daí? Quem poderia garantir que todos os teoremas já haviam sido provados? Ou que uma contradição não seria encontrada num próximo teorema a ser demonstrado! Aliás, isto é que seria o mais natural, pois havia mais de 2.000 anos que se acreditava não haver contradição entre os vários postulados de Euclides e em suas consequências; portanto, negar o postulado das paralelas é que deveria levar a contradição, como acreditava Saccheri.

11.3 Os modelos

No entanto, os matemáticos tiveram de encarar uma nova realidade a partir de 1868, quando o matemático italiano Eugenio Beltrami (1835–1900) construiu um modelo de geometria hiperbólica, baseando-se em fatos da própria Geometria Euclidiana. Para isso ele utilizou uma superfície chamada *pseudoesfera* para representar o plano. Essa superfície tem o aspecto de uma corneta, como ilustra a Figura 11.1. Para desempenhar o papel de retas ele considerou as *geodésicas* da superfície, isto é, as curvas que jazem na superfície e que são de menor distância

[2]Quando jovem, o pai de Bolyai havia sido colega de Gauss (1777–1855) em Göttingen. E quando o filho pôs suas ideias por escrito, ele (o pai) enviou um exemplar do manuscrito a Gauss. Mas este, nada sensível ao entusiasmo do jovem János, escreveu de volta dizendo mais ou menos o seguinte: "Sim, mas isso que seu filho fez não é novidade para mim, que percebi essa possibilidade há muitos anos, em minha juventude". Hoje sabemos com segurança que Gauss foi mesmo o primeiro matemático a perceber a possibilidade das geometrias não euclidianas. Mas ele deveria ter sido mais generoso com Bolyai.

[3]Uma das maneiras de negar esse postulado — e foi isso que fizeram — consiste em afirmar que existe uma reta r e um ponto P fora de r pelo qual podem-se traçar duas paralelas à reta r. A partir daí prova-se que existem infinitas paralelas à reta r pelo ponto P.

entre quaisquer dois de seus pontos.[4] A figura mostra duas retas (geodésicas) r e s por um ponto P, que não encontram uma terceira reta (geodésica) t; portanto, ambas são paralelas a essa reta t.

No entanto, esse modelo de Beltrami tinha um defeito: como a pseudoesfera possui uma aresta, muitas retas (geodésicas) não podem ser prolongadas além dessa aresta (Figura 11.2), e isso contradiz o postulado 2 de Euclides. Mas outros modelos foram construídos sem esse problema, como o de Felix Klein (1849–1925) e o de Henri Poincaré (1854–1912), ambos também apoiados na geometria euclidiana, como o modelo de Beltrami.

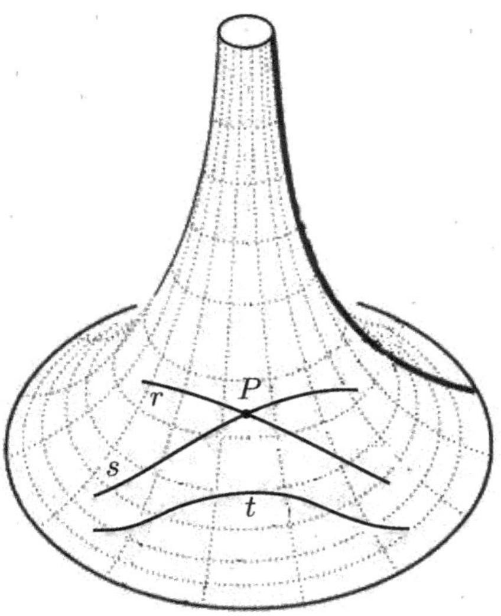

Figura 11.1

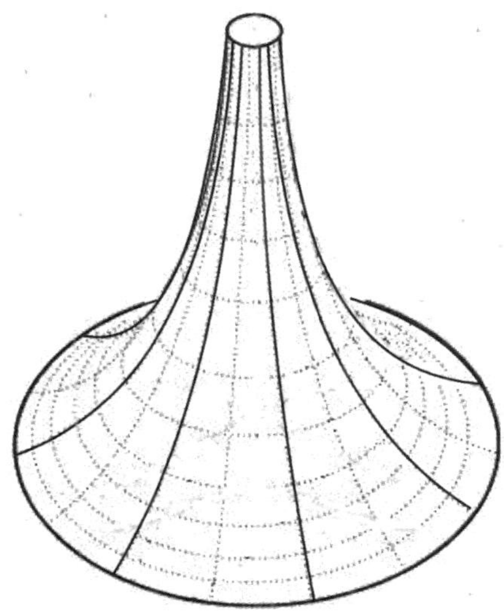

Figura 11.2

No modelo de Felix Klein o plano é interpretado como sendo o interior de um círculo fixado, excluída a circunferência. As retas são interpretadas como cordas do círculo, sem as extremidades, evidentemente; e os pontos continuam sendo os mesmos da Geometria Euclidiana. Também neste modelo, ilustrado na Figura 11.3, é visível que, dada uma reta r e um ponto P fora dela, existem infinitas retas, como s e t, que são paralelas à reta r, pois não têm ponto em comum com esta.

Estamos fazendo uma descrição muito resumida e as coisas não são tão simples assim. É necessário mostrar que o modelo satisfaz os outros quatro postulados de Euclides, listados no Capítulo 8. O primeiro deles é fácil de verificar, aquele que

[4]No caso de uma esfera, por exemplo, as geodésicas são arcos de círculos máximos, ou seja, círculos sobre a esfera, jazendo em planos que passam pelo centro da esfera.

diz que dois pontos determinam uma reta, vale dizer, por dois pontos dados passa uma e somente uma reta. Para a validade do segundo postulado as retas têm de ter comprimento infinito. Precisamos, pois, arrumar um jeito de fazer com que todas as cordas do círculo tenham comprimento infinito. Isso é possível, desde que se defina convenientemente o que seja comprimento, ou seja, distância entre dois pontos. Tal noção, evidentemente, não poderá mais ser aquela da geometria euclidiana. Para satisfazer o quarto postulado é necessário introduzir as noções convenientes de ângulos e círculos (dentro do nosso plano, que já é um círculo euclidiano). Tudo isso pode ser feito, embora tenhamos de omitir os detalhes aqui. O importante a observar é que o modelo de Klein é o de uma geometria que satisfaz os quatro postulados de Euclides, mas não o quinto, que é o postulado das paralelas.

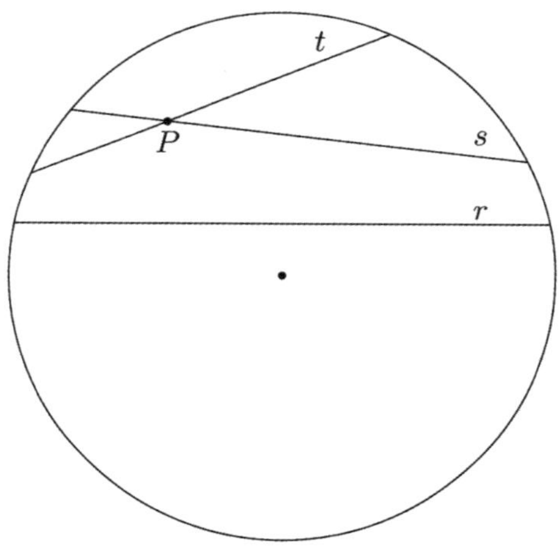

Figura 11.3

Com a construção dos modelos, desde o de Beltrami, os matemáticos tiveram de levar a sério as geometrias não euclidianas, pois agora ficava claro que elas não podiam apresentar contradições sob pena de também haver contradições na própria Geometria de Euclides. E também ficava claro que a crítica que se fazia da Geometria Hiperbólica seria igualmente válida para a antiga Geometria: também nela muitos teoremas haviam sido provados, nenhuma contradição fora encontrada, mas quem poderia garantir que uma contradição não pudesse aparecer com a demonstração de novos teoremas? Assim, a descoberta da Geometria Hiperbólica punha em cheque a própria Geometria Euclidiana.[5].

[5]Estamos deixando de lado uma outra vertente importantíssima no desenvolvimento das geometrias não euclidianas, devida a Riemann (1826–1866), mas que não é necessária no momento.

11.4 A Geometria Euclidiana sob exame

Uma das consequências das novas descobertas foi que os matemáticos reconheceram que os conceitos primitivos numa formulação axiomática não tinham necessariamente de ser concebidos a priori, isto é, antes da formulação dos postulados. A partir de agora esses conceitos poderiam ter diferentes interpretações, desde que tais interpretações fossem compatíveis com os postulados. É o caso, como vimos, do significado que se atribuía ao plano e ao que seriam retas no modelo de Beltrami: plano agora era a pseudoesfera e retas eram as geodésicas sobre esta superfície. Já no modelo de Klein, plano era o interior de um círculo euclidiano, enquanto retas nesse plano seriam suas cordas. Isso teve uma importância muito grande na maneira de entender o método axiomático: enquanto no antigo modelo euclidiano os postulados eram formulados sobre conceitos primitivos concebidos a priori, a partir de agora esses conceitos primitivos, como dissemos há pouco, poderiam ter diferentes interpretações, delimitadas apenas pelo que diziam os postulados. Estes, por sua vez, não tinham, como antes de expressar verdades evidentes por si mesmas, mas guardavam um razoável grau de arbitrariedade. É o que iria acontecer nos vários sistemas axiomáticos que estavam para surgir, como o conceito de grupo que se originou e se desenvolveu na Álgebra, mas que desempenha papel importantíssimo em muitas disciplinas matemáticas e variados domínios científicos, exigindo diferentes interpretações dos conceitos primitivos conforme o grupo particular que é considerado.

Outra consequência importante da descoberta das geometrias não euclidianas foi a necessidade que então se impôs de se examinar o corpo dedutivo da Geometria Euclidiana. Nesse exame os matemáticos foram descobrindo várias falhas no trabalho de Euclides. Em muitas das demonstrações dos *Elementos* Euclides utilizava fatos não contidos nos postulados, ou fazia uso da própria visualização geométrica.

Um exemplo bastante conhecido desse tipo de raciocínio, que apela indevidamente para a visualização geométrica, já foi tratado na RPM 51, em cuja página 24 se convida o leitor a descobrir o erro de uma pretensa demonstração; e na página 51 da mesma Revista se esclarece que o erro reside em supor que, num triângulo, a bissetriz relativa a um vértice e a mediatriz relativa ao lado oposto a esse vértice se encontram internamente ao triângulo, quando o que sempre acontece é esse encontro ocorrer num ponto externo (Figura 11.4),[6] a não ser que o triângulo seja isósceles, em cujo caso essas linhas se confundem.

Outra ocorrência de visualização geométrica enganosa aparece numa passagem decisiva de uma das tentativas de Legendre em demonstrar o postulado das paralelas, a qual foi objeto de nosso artigo na RPM 22. Já quase no final

[6]Um bom exercício é demonstrar este fato.

dessa pretensa demonstração (página 25 da RPM 22) Legendre utiliza como verdadeira a afirmação de que *por um ponto P no interior de um ângulo BAC é sempre possível traçar uma reta que encontre os lados do ângulo em pontos E e F respectivamente.* Esse fato está ilustrado na Figura 11.5. E como demonstramos no referido artigo na RPM 22, esta proposição é equivalente ao postulado das paralelas; portanto, Legendre não poderia utilizá-lo, pois estava justamente tentando demonstrar tal postulado!

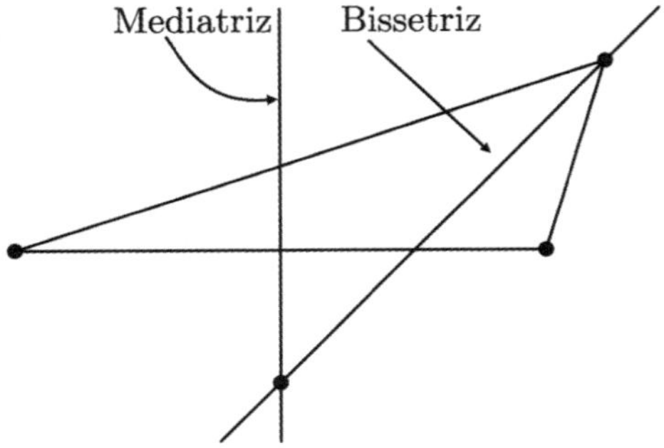

Figura 11.4

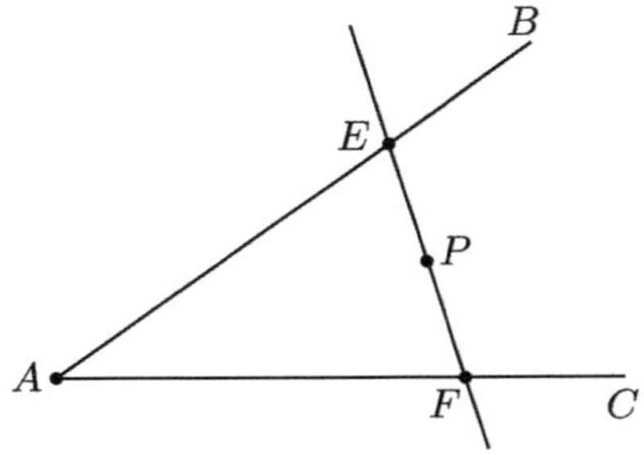

Figura 11.5

Ironicamente, a primeira demonstração que aparece nos *Elementos*, logo após o enunciado dos postulados, apoia-se na visualização geométrica e está incompleta. Ela trata de um teorema muito simples e bem evidente ao senso comum, o qual diz que *é possível construir (apenas com régua e compasso) um triângulo equilátero de lado dado AB.* O procedimento de Euclides é o seguinte: com o compasso centrado em A, depois em B, traçam-se círculos de raio AB (Figura 11.6). Em seguida ele afirma que o desejado triângulo é obtido unindo-se os pontos A e B a um dos pontos C onde os círculos se encontram. Acontece que não há nada nos postulados que garanta a existência desse ponto C.

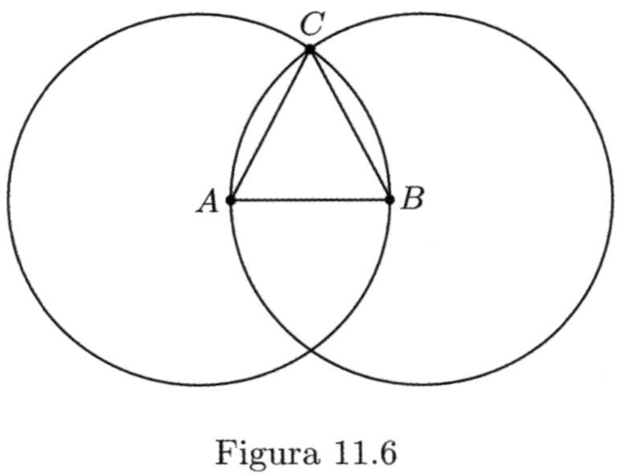

Figura 11.6

11.5 Os fundamentos da Geometria

O leitor pode alegar que todos nós fazemos construções desse tipo e sequer imaginamos que deveríamos ter preocupações como essa que apontamos. É verdade. E o leitor pode continuar procedendo dessa maneira. Os problemas que estamos levantando com os exemplos aqui tratados só têm o objetivo de mostrar pontos importantes dos fundamentos da Geometria, pois se o método axiomático tem de ser confiável, precisamos ter certeza de que ele pode ser livrado de todas essas falhas. E foi exatamente isso que os matemáticos empreenderam fazer no final do século XIX; livrar o método de falhas que não tinham sido percebidas por mais de 2.000 anos desde o tempo de Euclides! Isso foi feito por muitos matemáticos, dentre os quais se destacam Moritz Pasch (1843–1930), Giuseppe Peano (1858–1932) e David Hilbert (1862–1943). Hilbert deu um curso de Geometria em 1899 e escreveu um livro que se tornou o marco mais significativo desses esforços em prol dos fundamentos da Geometria. Seu livro, escrito originariamente em alemão, foi traduzido para outras línguas e teve muitas edições, em várias das quais passou por importantes revisões. A 7ª edição em inglês foi a última a aparecer durante o tempo de vida de Hilbert, mas outras edições foram impressas e continuam sendo impressas até os dias de hoje. Vale mencionar que esse livro se encontra traduzido para o espanhol desde, pelo menos, 1956, quando o presente autor o utilizou como aluno num curso com o saudoso Professor Benedito Castrucci.

Hilbert estruturou seu livro com base em cinco sistemas de axiomas, 20 ao todo. Sua preocupação foi suprir os axiomas necessários para que todas as demonstrações pudessem ser feitas exclusivamente com base nesses axiomas e no encadeamento de teoremas que iam sendo demonstrados a partir deles, sem apelar para a visualização geométrica das figuras, as quais seriam apenas uma ajuda para encontrar o encadeamento dedutivo. Hilbert procurou escolher seus axiomas de forma que eles fossem tão simples quanto possível e se aproximassem ao máximo do espírito dos *Elementos*. Nesse sentido ele foi mais bem sucedido que seus antecessores Pasch e Peano. Hilbert deixou claro, em seu trabalho, que a escolha dos axiomas não era ditada pelos conceitos primitivos. Ao contrário do que acontecia nos *Elementos*, a partir de agora esses conceitos não teriam de ser concebidos a priori, mas deviam ser entendidos como caracterizados pelo que sobre eles afirmavam os axiomas. Em outras palavras, os axiomas delimitam o significado dos conceitos primitivos, sendo, portanto, concebível que houvesse diferentes modelos de geometria versando sobre os mesmos axiomas. E realmente isso acontece, havendo situações em que é útil examinar um sistema de axiomas à luz de modelos diferentes. O próprio Hilbert enfatizou que, uma vez escolhidos os axiomas, pouco importava saber exatamente o que seriam os conceitos primitivos, a não ser que eles teriam de satisfazer os axiomas. O Professor Lucas Barbosa, na p. 11 de seu livro *Geometria Euclidiana Plana*, explica isso muito bem fazendo analogia com o jogo de damas, no qual o que importa são as regras do jogo (axiomas), não o formato, a cor ou qualquer outra característica das pedras usadas no jogo (modelos).

É importante esclarecer que Hilbert, em seu livro, além de apresentar uma rica axiomática da geometria, tratou de outros problemas relacionados, muito importantes, como o da consistência da geometria, do qual falaremos brevemente logo adiante.

11.6 Os Fundamentos da Matemática

Os desenvolvimentos que vinham ocorrendo na Geometria, na Álgebra e na Análise durante todo o século XIX convergiram, no final do século, para uma preocupação com os fundamentos de toda a Matemática. Por duas razões importantes os matemáticos acabaram se convencendo de que todas as teorias matemáticas teriam de se fundamentar, em última instância, nos números naturais. De um lado, os números complexos, os números reais, os racionais e os inteiros puderam ser construídos, de maneira lógica e consistente, uns após outros, terminando nos números naturais. De outro lado, Hilbert estabelecera uma correspondência entre os elementos geométricos do plano — pontos, retas e círculos — com os entes numéricos da geometria analítica. Os pontos podem ser caracterizados por pares ordenados de números reais, e as retas e círculos por suas equações. Isso permitiu transferir o problema da consistência da Geometria à consistência da Aritmética. Provando-se a consistência desta, ficaria também provada a consistência da Geometria. Assim, a Geometria, que desde a Antiguidade era considerada o modelo de rigor lógico, estava agora dependendo da própria Aritmética para sua efetiva fundamentação.

Leopold Kronecker (1823–1891) dizia que Deus nos deu os números naturais e que o resto é obra do homem. Com isso ele queria dizer que esses números deveriam ser tomados como o ponto de partida, o fundamento último de toda a Matemática. Não obstante isso, Richard Dedekind mostrou ser possível construir os números naturais a partir da noção de conjunto, noção esta que seria mais extensamente desenvolvida por Georg Cantor[7], como vimos nos dois capítulos anteriores.

A possibilidade de construir toda a Matemática a partir da Teoria dos Conjuntos intensificou o interesse por esse campo de estudos. Porém, esses estudos estavam ainda incipientes e os matemáticos já começavam a encontrar sérias contradições internas na teoria. Muitas dessas contradições foram resolvidas, até que, em 1931, o lógico austríaco Kurt Gödel (1906–1978) surpreendeu o mundo

[7] O matemático italiano Giuseppe Peano (1858–1932) mostrou como construir esses números a partir de noções primitivas e postulados.

matemático com a publicação de um trabalho em que demonstrava que o método axiomático tem inevitáveis limitações, que impedem mesmo a possibilidade de construir um sistema axiomático abrangendo a Aritmética.

Para entender melhor o que isso significa, devemos lembrar que um sistema axiomático deve satisfazer às três condições seguintes: ser consistente, quer dizer, os postulados não podem contradizer uns aos outros, por si mesmos ou por suas consequências; deve ser completo, no sentido de serem suficientes para provar verdadeiras ou falsas todas as proposições formuladas no contexto da teoria em questão; e, por fim, cada postulado deve ser independente dos demais, no sentido de que não é consequência deles, sob pena de ser supérfluo. Pois bem, Gödel provou, dentre outras coisas, que a consistência de qualquer sistema matemático que englobe a Aritmética não pode ser estabelecido pelos princípios lógicos usuais. Isto ele prova como consequência deste seu outro resultado, conhecido como o teorema da incompletude: *se uma teoria formal abrangendo a Aritmética for consistente, ela necessariamente será incompleta*, o que significa dizer que haverá alguma proposição sobre os inteiros que a teoria será incapaz de decidir ser verdadeira ou falsa.

Seria errôneo pensar que os resultados de Gödel, pelos seus aspectos negativos, condenam a Matemática a uma posição inferior no contexto do conhecimento humano. O que eles mostram é que é falsa a expectativa acalentada desde a Antiguidade de que o conhecimento matemático, com seu caráter de certeza absoluta, possa ser circunscrito nos limites permitidos por um sistema axiomático. Além de revelar as limitações do método axiomático, os resultados de Gödel mostram, isto sim, que as verdades matemáticas, na sua totalidade, escapam aos figurinos formais dos sistemas axiomáticos.

Hermann Weyl (1885–1955), que está entre os maiores matemáticos do século XX, disse, espirituosamente: Deus existe porque certamente a Matemática é consistente; e o demônio existe porque somos incapazes de provar essa consistência.

Capítulo 12

Arquimedes

12.1 Introdução

Este capítulo, dedicado a Arquimedes (287–212 a.C.), abordará apenas uns poucos aspectos da vida e da obra do maior matemático da Antiguidade. De fato, muitos historiadores da ciência consideram Arquimedes o maior gênio da Matemática até os dias de hoje. Outros acham que essa distinção pertence a Isaac Newton (1642–1727). Outros ainda acham que foi Carl Friedrich Gauss (1777–1855) o maior matemático de todos os tempos. Seja como for, todos então concordam em que Arquimedes foi o maior matemático, pelo menos até a chegada de Newton no século XVII.

12.2 Arquimedes e seu tempo

Arquimedes era natural de Siracusa, uma cidade-estado das muitas que os gregos fundaram. Localizava-se na Sicília (veja o mapa da Figura 12.1) e, juntamente com outras localidades do sul da Itália, fazia parte do que se costuma chamar de Magna Grécia. Tendo se posicionado ao lado de Cartago na terceira guerra púnica, Siracusa foi atacada pelo general romano Marcelo, que teve muita dificuldade para conquistar a cidade, devido aos muitos engenhos de guerra inventados por Arquimedes. Eram catapultas capazes de lançar pesados projéteis nas tropas e navios inimigos que se aproximavam da cidade, além de vários outros mecanismos de cordas e roldanas totalmente desconhecidos dos romanos e eficazes na defesa da cidade[1]. Todas essas histórias e várias outras sobre Arquimedes são contadas por Plutarco, um escritor grego do primeiro século de nossa era. Dentre

[1]No meio de todas as histórias que se contam sobre as proezas de Arquimedes há também evidentes exageros, como o de que ele incendiava navios inimigos com a utilização de espelhos côncavos que focalizavam os raios solares nos alvos a serem incendiados.

seus muitos escritos há um livro de biografias[2], em um de cujos capítulos, dedicado à vida de Marcelo, Plutarco escreve longamente sobre Arquimedes (páginas 268 a 280 da edição brasileira e páginas 252 a 255 da edição inglesa).

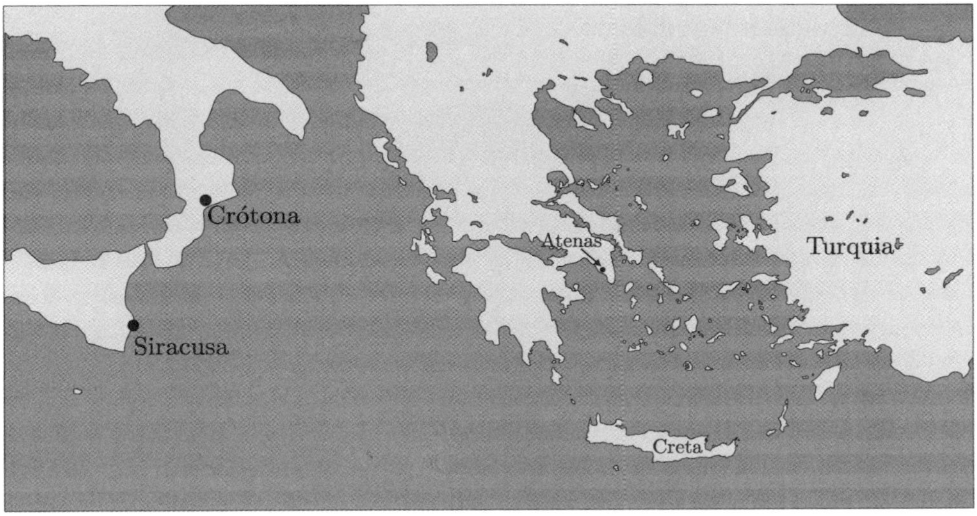

Figura 12.1

Plutarco conta, em particular, que de todas as descobertas que Arquimedes fez, a que o grande geômetra mais apreciava era a relação de áreas e volumes de uma esfera e do cilindro circular reto que a circunscreve. Mais precisamente, consideremos uma esfera de raio R, inscrita num cilindro circular reto de altura $2R$ (Figura 12.2). Arquimedes descobriu que *o volume do cilindro é 3/2 do volume da esfera; e a área total do cilindro também é 3/2 da área da esfera*, como será provado adiante.

O fato de que a razão das áreas fosse igual à razão dos volumes, e ser uma proporção tão simples, de 3 para 2, teria tanto impressionado Arquimedes que ele pediu a seus parentes e amigos que quando morresse mandassem colocar sobre sua sepultura um cilindro contendo uma esfera, com a inscrição da proporção referida. Cícero (106–43 a.C.), quando exercia funções de magistrado romano na Sicília, interessou-se por achar o túmulo de Arquimedes; e depois de muita procura acabou por encontrar uma lápide com a esfera e o cilindro. Como ele mesmo conta, julgou ter encontrado o que procurava e tratou de restaurá-lo. Segundo o autor Howard Eves[3], em 1965, durante uma escavação para construir

[2]Publicado no Brasil pela Editora das Américas sob o título *As Vidas dos Homens Ilustres*, Vol. 3. O mesmo livro aparece em inglês como volume 14 da coleção "Great Books of the Western World" da Enciclopédia Britânica.

[3]*Great Moments in Mathematics before 1650*, MAA, p. 89.

um hotel em Siracusa, uma escavadeira deu com uma pedra com a mesma figura antiga de um cilindro contendo uma esfera. Assim, o túmulo de Arquimedes teria sido novamente encontrado nos tempos modernos. Mas desta vez faltou alguém com a clarividência de um Cícero e, ao que parece, esse túmulo está agora definitivamente perdido...

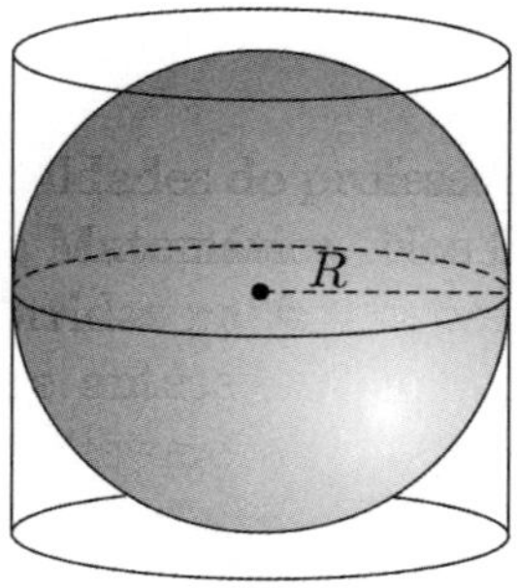

Figura 12.2

Há várias versões sobre a morte de Arquimedes. Mas, afora as circunstâncias exatas, parece não haver dúvida de que ele tenha sido morto por um soldado romano em 212 a.C. aos 75 anos de idade. Daí se conclui que ele teria nascido no ano 287 a.C. Conta-se ainda que a morte de Arquimedes teria causado grande desgosto ao general Marcelo, que era um admirador do grande sábio e havia recomendado a seus comandados que ele devia ser trazido à sua presença com vida. Como reparo do grande erro, Marcelo teria salvo e indenizado a família de Arquimedes.

12.3 O Princípio de Arquimedes e a coroa do rei

Arquimedes era bem relacionado com o rei Heron de Siracusa e talvez até fosse seu parente. Conta-se que Heron mandou fazer uma coroa de ouro, mas teve razões para desconfiar de que o ouro da coroa houvesse sido misturado com muita prata. Ele comunicou o fato a Arquimedes, pedindo-lhe encontrar um meio de dirimir suas dúvidas. Diz a história que o grande geômetra descobriu como resolver o problema enquanto tomava um banho de imersão. Refletindo sobre o fato de que os corpos imersos na água, como seu próprio corpo, se tornam mais leves, teve a genial intuição de que o peso perdido fosse igual ao peso da água deslocada. Ele teria ficado tão excitado com a descoberta que saiu pelas ruas de Siracusa gritando "eureka! eureka! eureka!", que significa "descobri! descobri! descobri!".

O *Princípio de Arquimedes* significa exatamente isto: *um corpo imerso num líquido torna-se mais leve pelo peso do líquido que desloca.* Para bem compreendê-lo, consideremos um vaso contendo água (ou qualquer outro líquido) em repouso, no seio da qual imaginamos que parte da água tenha sido delimitada por um cilindro, como ilustra a Figura 12.3(a). Esse cubo está sujeito a pressões laterais que se anulam mutuamente; e pressões nas partes inferior e superior, as quais apresentam uma força resultante f, agindo de baixo para cima como indica a referida figura. Como a água está em repouso, essa força f tem de ser igual ao peso f do líquido delimitado pelo cubo, também representado na Figura 12.3(a).

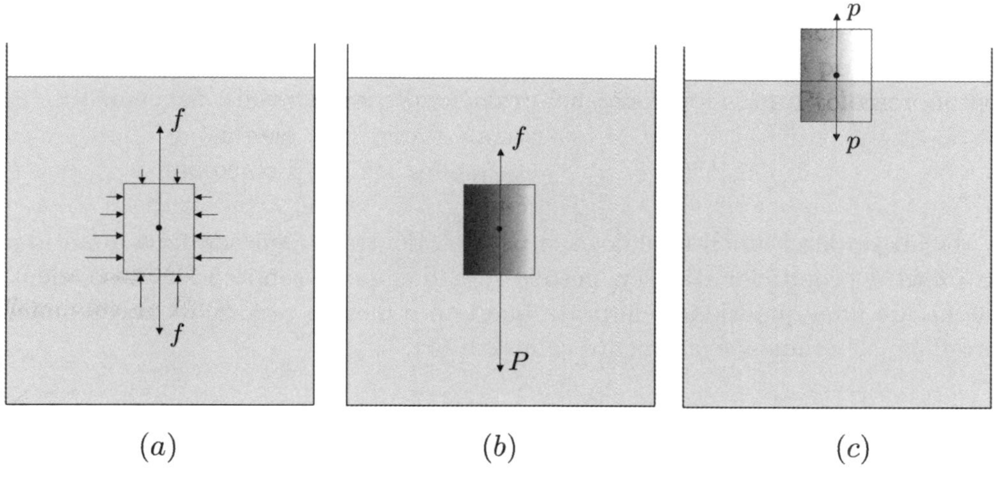

Figura 12.3

É claro, então, que se trocarmos o cubo de água por um cubo de qualquer outro material, este sofrerá o mesmo empuxo de baixo para cima, igual ao peso da água deslocada. Imaginemos então que a água delimitada pelo cubo seja substituída por um corpo mais denso, como um bloco de ferro de peso P (Figura 12.3(b)). Então, a força resultante sobre esse bloco será $P - f$, dirigida de cima para baixo, fazendo com que o ferro se afunde; mas seu peso dentro do líquido foi reduzido pelo valor f do peso do líquido deslocado. Se, em vez do ferro, substituirmos o cubo de líquido por um cubo de cortiça de peso p, como $f > p$, a força resultante agora será $f - p$, dirigida de baixo para cima. Isso faz com que a cortiça suba e se estabilize boiando a partir do momento em que o volume de água deslocada tenha peso $f = p$ (Figura 12.3(c)). Vamos enunciar em destaque o famoso

Princípio de Arquimedes. *Quando um corpo sólido é imerso numa massa líquida, ele perde, em peso, uma quantidade igual ao peso do líquido deslocado.*

12.4 Resolvendo o problema da coroa

Arquimedes não podia separar a prata do ouro sem destruir a coroa, por isso tinha de arrumar um jeito de obter uma relação envolvendo os pesos desses metais componentes da coroa. Para isso ele utilizou o princípio que descobrira em seu banho e um pouco de proporções. Acompanhe o raciocínio: seja P o peso da coroa, que supomos tenha sido feita com um peso x de ouro e um peso y de prata. Então, $P = x + y$. Por outro lado, seja x' o peso, dentro d'água, de uma porção de ouro de peso x fora d'água; e X' também o peso dentro d'água de uma porção de ouro que tenha o mesmo peso P da coroa quando fora d'água. Como o peso dentro d'água é proporcional ao peso fora d'água (porque o volume é proporcional ao peso, devido à homogeneidade do material), devemos ter

$$\frac{x'}{x} = \frac{X'}{P}, \quad \text{donde} \quad x' = \frac{xX'}{P} \tag{1}$$

De modo inteiramente análogo, o peso y', dentro d'água, de uma quantidade de prata é proporcional a seu peso y fora d'água; e sendo Y' o peso, dentro d'água, de uma quantidade de prata que tem o mesmo peso P da coroa quando fora d'água, teremos, exatamente como em (1),

$$\frac{y'}{y} = \frac{Y'}{P}, \quad \text{donde} \quad y' = \frac{yY'}{P} \tag{2}$$

Somando (1) e (2) obtemos

$$P' = x' + y' = \frac{xX' + yY'}{P}, \quad \text{donde} \quad PP' = xX' + yY'.$$

Agora substituímos, nesta última equação, P por $x + y$, donde

$$(x + y)P' = xX' + yY', \quad \text{donde} \quad x(X' - P') = y(P' - Y'),$$

o que nos leva a

$$\frac{x}{y} = \frac{P' - Y'}{X' - P'}. \tag{3}$$

Essa equação resolve o problema. Com efeito, podemos arrumar dados numéricos para substituir em seu lado direito, o que dará a relação entre o ouro e a prata utilizados pelo ourives que fez a coroa. Assim, embora não tenhamos os dados específicos da coroa verdadeira, podemos muito bem imaginar uma situação concreta. Digamos que a coroa pesasse $P = 894$ gramas fora d'água, e que Arquimedes, ao pesá-la dentro d'água, tenha encontrado o valor $P' = 834$ gramas. Ele podia também pesar, dentro d'água, uma porção de outro que pesasse $P = 894$ gramas fora d'água, obtendo, digamos, $X' = 847,7$ gramas; e também pesar, dentro d'água, uma porção de prata que pesasse $P = 894$ gramas fora d'água, obtendo, digamos, $Y' = 809$ gramas. Substituindo estes valores em (3) encontramos

$$\frac{x}{y} = \frac{834 - 809}{847,7 - 834} = \frac{25}{13,7} \approx 1,82,$$

donde $x = 1,82y$.

Essa equação, juntamente com a equação original $x + y = P = 894$, nos dá um sistema de duas equações a duas incógnitas, de fácil resolução. Substituindo $x = 1,82y$ nesta última, determinamos $y \approx 317$ gramas; e com este valor obtemos também $x \approx 577$ gramas. Por aí se vê que o ourives realmente abusou da prata e economizou no ouro. Tomara que isso não lhe tenha custado a cabeça...

12.5 Uma descoberta sensacional

A relação de áreas e volumes do cilindro e da esfera, conforme descrevemos atrás, figura como um corolário das proposições 33 e 34 de um dos livros de Arquimedes intitulado *Sobre a Esfera e o Cilindro, parte I.* Esse livro está vazado em estilo rigoroso, num encadeamento preciso de postulados, definições e teoremas. Aliás, esse é o estilo das demais obras de Arquimedes que chegaram até nós e que são conhecidas desde a Idade Média. Tão grande é a preocupação com o rigor e com a estrutura lógica das demonstrações que o leitor nem sequer percebe como o autor teria chegado a suas descobertas. Hoje em dia, isso é frequente nos escritos dos matemáticos, pois os caminhos da descoberta quase sempre são diferentes dos processos de demonstração, como já falamos no Capítulo 1 e ilustramos no Capítulo 2. Gauss (1777–1855), por exemplo, que é um matemático relativamente moderno, escrevia nesse estilo. Ele dizia que suas publicações eram como edificações acabadas, cuja construção requeria o uso de andaimes. Mas com a retirada destes, não ficavam vestígios de como teriam sido feitas as partes mais altas dos edifícios, como as abóbadas das catedrais.

As coisas não eram assim no século XVII, quando os matemáticos faziam suas descobertas com raciocínios não rigorosos, porém muito eficazes. Por isso, eles estranhavam que as obras dos gregos só revelassem apresentações rigorosas, sem qualquer indício dos processos de descoberta. O matemático John Wallis (1616–1703), em particular, chegou a sugerir que os gregos faziam isso deliberadamente, procurando esconder da posteridade seus processos de descoberta. Mas o que vamos descrever agora desvendou todo esse mistério, pelo menos no caso de Arquimedes.

Johan Ludvig Heiberg (1845–1928), ilustre professor dinamarquês de Filologia, prestou inestimável serviço à História da Matemática pelas suas notáveis pesquisas das obras gregas antigas. Esse homem vasculhou praticamente todas as bibliotecas europeias, estudando e comparando diferentes manuscritos de obras antigas, num trabalho que exige competência em Filologia e Linguística, paciência beneditina e habilidade de um Sherlock Holmes. A ele devemos a organização e edição moderna das obras de Arquimedes e Euclides (em latim), que formam a principal fonte para a tradução inglesa dessas obras por outro eminente especialista da História da Matemática Grega, Thomas L. Heath (1861–1940).

Heiberg já havia publicado as obras de Arquimedes e Euclides no final do século XIX, quando veio a saber, pela leitura de um artigo numa revista especializada, da existência de um manuscrito encontrado no Mosteiro do Santo Sepulcro em Jerusalém, e posteriormente levado para Constantinopla. O artigo contava que o manuscrito de Jerusalém era um códice[4] que continha escritos religiosos. Mas por baixo do texto havia outra escrita, de natureza matemática. Por tudo o que leu sobre o códice, e pelo seu conhecimento de obras antigas, Heiberg começou a suspeitar que esse códice contivesse, por baixo da leitura religiosa, alguma obra de Arquimedes. E não deu outra coisa. Ele foi a Constantinopla, onde examinou o documento. Estudou tanto o original quanto as fotografias que dele tirou; e em 1906, num artigo publicado numa revista alemã de Filologia, anunciou ao mundo o seu grande achado: quase 200 páginas de textos das obras de Arquimedes, muitos já conhecidos. Porém — e isto é a parte mais sensacional —, no códice encontrava-se também o texto quase completo de uma obra de Arquimedes até então desconhecida, na qual o geômetra revela o procedimento por ele usado para chegar a muitas das descobertas que fez! Estava assim desvendado o mistério que havia intrigado os matemáticos por séculos, qual seja, o de saber como Arquimedes conseguia fazer suas descobertas.

O manuscrito encontrado em Jerusalém e levado para Constantinopla é um palimpsesto[5]. Convém lembrar que o pergaminho era um material caro (e ainda é). Hoje nós dispomos do papel, tão barato que dele abusamos muito, num condenável descaso com o meio ambiente. Mas imagine, leitor, se você dependesse de pergaminho para escrever! Certamente não iria jogar fora um que tivesse sido usado, mas cuidaria de raspá-lo ("palimpsesto" significa "raspado novamente") e polir sua superfície para usá-lo de novo. Por aí dá para imaginar o trabalho de detetive que teve Heiberg para decifrar o texto subjacente. É realmente admirável que ele tenha conseguido ler as quase 200 páginas do códice! Não fosse a competência de Heiberg e talvez até hoje, ou mesmo pelo futuro afora, o novo livro de Arquimedes permanecesse ignorado para sempre! Mencionemos, por fim, que o texto de Arquimedes encontrado no códice de Jerusalém data do século X. A escrita religiosa que lhe foi sobreposta é dos séculos XII, XIII ou XIV.

[4]Códice é um grupo de folhas de pergaminho manuscritas, unidas e encadernadas ou costuradas na forma de um livro.

[5]Palimpsesto é um papiro ou pergaminho cujo texto primitivo foi raspado para dar lugar a outro.

12.6 Arquimedes a Eratóstenes

O novo livro de Arquimedes, dado a conhecer por Heiberg em 1906, é conhecido como *O método*, justamente porque nele o eminente geômetra descreve um "método mecânico" para investigar questões matemáticas.

No tempo de Arquimedes, o século III a.C., Alexandria encontrava-se no auge de seu esplendor, seja como cidade, centro de comércio, centro cultural e centro de estudos e pesquisas avançadas, não apenas em Matemática, mas em todas as áreas do conhecimento. E os sábios da época, ou residiam na própria Alexandria, ou se encontravam espalhados pelas várias cidades gregas ou sob o domínio dos reis ptolomeus do Egito, como Atenas, Pérgamo, Siracusa, Rodes, Cirene etc. Esses sábios que não viviam propriamente em Alexandria, ou lá estiveram durante pelo menos algum tempo, ou se correspondiam com seus colegas de lá.

Foi assim com Arquimedes. Acredita-se que ele tenha passado um bom tempo em Alexandria, estudando com os sábios de lá, inclusive com Euclides. Assim, embora vivesse em Siracusa, Arquimedes costumava enviar cópias de seus escritos a Eratóstenes, Conon e Dositeu. Em particular, seu livro *O método* foi encaminhado a Eratóstenes com a seguinte carta em forma de prefácio. (Observe o alto apreço que ele tinha por Eratóstenes.)

Arquimedes a Eratóstenes

Saudações

Escrevi-lhe em outra ocasião alguns teoremas descobertos por mim, meramente os enunciados, deixando-lhe a tarefa de descobrir as demonstrações então omitidas (...) Vendo em Você um dedicado estudioso, de considerável eminência em Filosofia e um admirador da pesquisa Matemática, julguei conveniente escrever-lhe para explicar as peculiaridades de um certo método pelo qual é possível investigar alguns problemas de Matemática por meios mecânicos (...) Certas coisas só se tornaram claras para mim pelo método mecânico, embora depois tivessem de ser demonstradas pela Geometria, já que sua investigação pelo referido método não conduzisse a provas aceitáveis. Certamente é mais fácil fazer as demonstrações quando temos previamente adquirido, pelo método, algum conhecimento das questões do que sem esse conhecimento (...) Estou convencido de que ele será valioso para a Matemática, pois pressinto que outros investigadores da atualidade ou do futuro descobrirão, pelo método aqui descrito, outras proposições que não me ocorreram.

É oportuno observar, a propósito das palavras finais dessa citação, que o chamado "método dos indivisíveis", inventado no século XVII, e que deu origem ao moderno Cálculo Diferencial e Integral, é muito parecido com o antigo "método mecânico" de Arquimedes. Tanto um quanto outro carecem de uma sólida fundamentação lógica, mas contêm os ingredientes que facilitam as descobertas. Essa semelhança entre os dois métodos deixa claro que os matemáticos do século XVII seguiam a mesma trilha de Arquimedes, com a única diferença de que Arquimedes, como ele próprio diz, entendesse claramente que "certas coisas (...) tivessem de ser demonstradas pela Geometria". Mas, enquanto Arquimedes conseguiu suprir essas demonstrações em seu tempo, o mesmo não aconteceu com os matemáticos dos séculos XVII e XVIII, que cuidaram mais em desenvolver as novas técnicas do Cálculo do que em lhes suprir fundamentos lógicos. Mas acertaram muito bem, pois foi esse desenvolvimento que levou a uma grande maturação do Cálculo e acabou por abrir caminho, a partir de fins do século XVIII e início do século XIX, à construção do rigor no Cálculo e nas outras disciplinas matemáticas.

12.7 As traduções de Arquimedes

Após as conquistas de Alexandre, a lingua grega passou a ser dominante naquela região do mundo que abarcava a Grécia (incluindo a Magna Grécia), o Egito e o Oriente Médio. Era assim principalmente entre as pessoas de maior formação intelectual, como os sábios de Alexandria. Não obstante isso, Arquimedes continuava a escrever em dórico, um antigo (já na sua época!) dialeto grego que ainda era comum em várias províncias gregas, inclusive Siracusa. Isso complicava a vida de seus colegas de Alexandria, que tinham de praticamente "traduzir" o que Arquimedes lhes enviava. E dificultou mais ainda o trabalho dos tradutores modernos de Arquimedes. O primeiro destes foi Thomas L. Heath (1861–1940), que publicou uma edição inglesa de Arquimedes em 1897, valendo-se muito da versão latina já preparada por Heiberg, antes que Heiberg fizesse a descoberta do códice de Constantinopla. Posteriormente, a tradução de Heath passou a incorporar *O Método* descoberto em 1906. Em 1956 Eduard J. Dijksterhuis (1892–1965), professor da Universidade de Utrecht, publicou uma nova tradução das obras de Arquimedes, que é por muitos considerada mais fiel ao pensamento do geômetra que a de Heath.

Mas, mesmo essa tradução não é considerada satisfatória por muitos historiadores da ciência, não só pela dificuldade em lidar com os antigos manuscritos de Arquimedes, mas também pela tecnologia que tornou possíveis análises mais precisas e completas desses manuscritos. Com relação a isso, comecemos por observar que o famoso códice de Constantinopla, depois de ser analisado e estudado por Heiberg, acabou por desaparecer, aparentemente no final da Primeira Guerra Mundial. Ele deve ter sido vendido ou roubado, mas reapareceu misteriosamente em 1998 e foi leiloado no mercado de antiguidades de Nova York pela Casa Christie. O códice foi adquirido por dois milhões de dólares e ficou em mãos de uma pessoa que preferiu permanecer no anonimato. Mas esse novo detentor do códice permitiu que a Walters Arts Gallery de Baltimore estudasse o manuscrito[6]. E realmente isso está sendo feito por uma equipe de especialistas de várias universidades. Dentre os vários recursos técnicos empregados, eles utilizam luzes de diferentes frequências, cada uma dessas frequências conseguindo mostrar elementos do texto que não aparecem com outras frequências.

O aparecimento do códice em Baltimore foi um verdadeiro achado para o Professor Reviel Netz, que estava empreendendo uma tradução dos trabalhos de Arquimedes, já havendo publicado um volume dessas obras em 2005. Mas como Raviel Netz está procurando ser mais fiel ao que Arquimedes escreveu do que às traduções anteriormente feitas, sua tradução é de mais difícil acesso ao leitor de hoje. Ela é muito importante, sim, para os especialistas, não para o usuário comum, que deverá continuar utilizando as traduções de Heath e Dijksterhuis. E isso por vários motivos. Um deles, já mencionado há pouco, foi a dificuldade linguística com os originais de Arquimedes. Convém apressar em dizer que tais originais já se haviam perdido na própria Antiguidade, talvez nos primeiros dois séculos após a morte de Arquimedes. O que sobreviveu ao longo dos séculos foram cópias e cópias de cópias, passando por Constantinopla, pelos árabes e por diversos museus e bibliotecas européias, inclusive o Vaticano. A história é longa e recheada de lances interessantes, que pode ser vista numa edição do Scientific American brasileiro, com o simples título *Arquimedes*, curiosamente sem data, mas uma excelente abordagem de Arquimedes, suas façanhas, suas obras e sua influência. A autoria de toda a matéria da Revista é de Pier Daniele Napolitani, que revela muita competência na abordagem dos vários tópicos tratados.

12.8 Pesando o cilindro, a esfera e um cone

No livro *O Método* Arquimedes explica várias de suas descobertas, mas vamos nos restringir aqui apenas ao cálculo do volume da esfera e da área de sua superfície. Ele procede da seguinte maneira: sejam $ABCD$ um círculo como ilustra a Figura 12.4, com diâmetros perpendiculares AC e BD; AFG um triângulo isósceles, retângulo em A, com base FG e altura AC; e $EFGH$ um retângulo; tudo como ilustra a figura. Girando esta figura em torno do eixo CC' obtemos: uma esfera gerada pelo círculo $ABCD$; um cone gerado pelo triângulo AFG; e um cilindro gerado pelo retângulo $EFGH$. Seja MN uma reta no plano da figura, perpendicular a AC, cortando este segmento no ponto Q. Como $QP = AQ$ e o triângulo

[6]Foi essa mesma instituição que se encarregou dos famosos manuscritos do Mar Morto, descobertos em 1947.

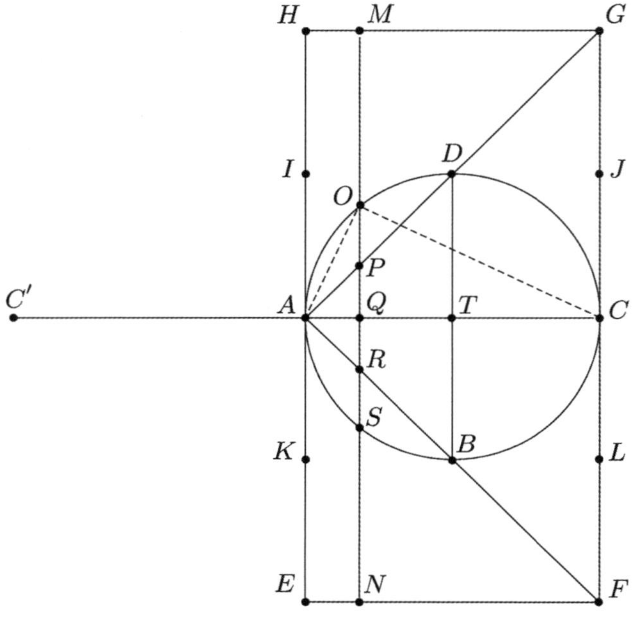

Figura 12.4

OAQ é retângulo, obtemos

$$QP^2 + QO^2 = AQ^2 + QO^2 = AO^2.$$

Por outro lado, o triângulo OAC é retângulo em O e $OQ \perp AC$. Portanto, $AO^2 = AQ \cdot AC$. Então,

$$QP^2 + QO^2 = AQ \cdot AC.$$

Notando que $QM = AC$ e tomando $AC' = AC$, obtemos

$$\frac{QP^2 + QO^2}{QM^2} = \frac{AQ \cdot AC}{QM^2} = \frac{AQ}{AC} = \frac{AQ}{AC'}.$$

Em consequência,

$$\frac{\pi QP^2 + \pi QO^2}{\pi QM^2} = \frac{AQ}{AC'},$$

donde

$$(\pi QP^2 + \pi QO^2)AC' = \pi QM^2 \cdot AQ.$$

Esta última relação é agora interpretada como traduzindo o equilíbrio de pesos numa alavanca QC' com fulcro em A. De fato, pela lei da alavanca, dada pelo próprio Arquimedes em seu livro *Sobre o Equilíbrio de Figuras Planas*, a última equação nos diz que os círculos de raios QP e QO, quando transferidos para C', equilibram o círculo de raio QM localizado em Q. (Neste raciocínio estamos imaginando os pesos dos círculos proporcionais a suas áreas.)

Até aqui o raciocínio matemático é perfeitamente rigoroso, mas agora vem a parte heurística do argumento: consideramos o cilindro como união infinita dos círculos de raio QM, Q variando de A até C; e analogamente para a esfera e o cone. Remontamos a esfera e o cone no extremo C' da alavanca (Figura 12.5) e concluímos que esses dois sólidos, pendurados em C', devem equilibrar o cilindro com centro no extremo T da alavanca, onde $AT = (1/2)AC$. (Agora os pesos dos sólidos são tomados proporcionais a seus volumes.) Então, sendo V_e, C_o e C_i os volumes da esfera, do cone e do cilindro, respectivamente, teremos

$$\frac{C_o + V_e}{C_i} = \frac{AT}{AC'} = \frac{1}{2},$$

ou seja, $C_i = 2(C_o + V_e)$.

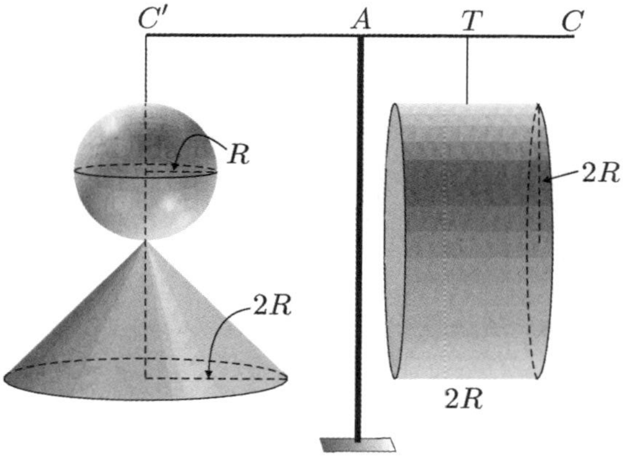

Figura 12.5

Arquimedes já sabia que $C_i = 3C_o$, resultado este que, na mesma carta-prefácio a Eratóstenes, ele atribui a Eudoxo. Substituindo este resultado na equação anterior e simplificando, encontramos $C_o = 2V_e$. Mas como $CG = 2TD$ (veja a Figura 12.4), segue-se que o volume C_o do cone é 8 vezes o volume do cone que se obtém por rotação do triângulo ABD (veja a Figura 12.6), isto é,

$$C_o = \frac{8\pi R^3}{3},$$

onde R é o raio da esfera. Daqui e de $C_o = 2V_e$ resulta finalmente a fórmula do volume da esfera:

$$V_e = \frac{4\pi R^3}{3}.$$

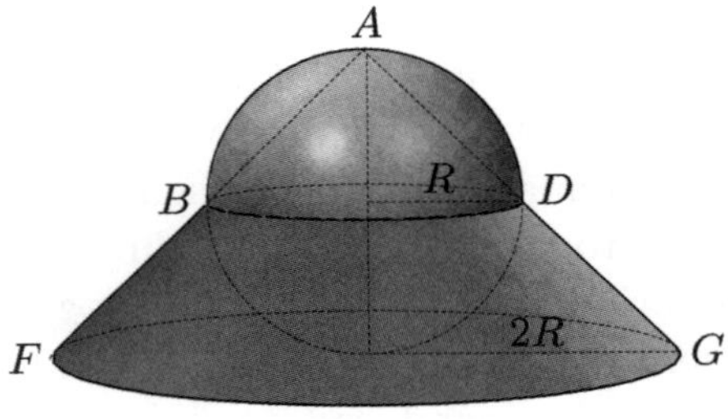

Figura 12.6

12.9 Um admirável raciocínio por analogia

Terminada a "demonstração anterior", referente ao volume da esfera, Arquimedes faz o seguinte comentário:

Deste teorema, segundo o qual o volume da esfera é quatro vezes o do cone tendo por base um círculo máximo da esfera e altura igual ao raio da esfera, eu concebi a idéia de que a área de qualquer esfera é quatro vezes a área de um de seus círculos máximos; pois, a julgar pelo fato de que a área de qualquer círculo é igual à de um triângulo que tem por base a circunferência e altura igual ao raio do círculo, vejo que, do mesmo modo, o volume de qualquer esfera é igual ao volume de um cone com base igual à superfície da esfera e altura igual ao raio.

Esse trecho encerra um notável raciocínio analógico. Como diz o abalizado historiador da Matemática, Asger Aaboe[7], "este é o primeiro e um dos mais preciosos exemplos de ousada analogia na História da Matemática". Vale a pena analisar atentamente o raciocínio que leva Arquimedes a concluir que a área da esfera é quatro vezes à de um de seus círculos máximos, isto é, $4\pi R^2$. Ele compara a situação da esfera relativamente ao cone com a do círculo relativamente a um triângulo tendo por base a circunferência do círculo e altura igual ao raio deste. Ora, este último fato é a conclusão a que chegamos quando imaginamos o círculo decomposto em um número muito grande de setores iguais, como ilustra a Figura 12.7. Juntando todos esses setores lado a lado, vê-se que a soma de suas áreas é igual à área de um triângulo com base $C = 2\pi R$ e altura R. (Arquimedes demonstra esse fato rigorosamente em um de seus livros, intitulado *A Medida do*

[7]Na página 124 de seu livro *Episódios da História Antiga da Matemática*, traduzido e editado pela SBM.

Círculo.

Motivado pela equivalência do círculo com o triângulo, Arquimedes infere que a esfera também equivale a um cone, segundo a parte final da citação anterior. Certamente, ele estava imaginando a esfera decomposta em um grande número de setores cônicos[8] como imaginava o círculo decomposto em setores triangulares. Aí também reside sua justificativa para concluir que a superfície da esfera é quatro vezes a da base daquele cone menor (ABD) da Figura 12.6, já que ele mostrara que o volume da esfera era quatro vezes o volume do cone. O raciocínio é muitíssimo interessante e merece ser analisado detidamente. Vale a pena ler e reler o texto de Arquimedes com vagar para bem apreciar a riqueza de pensamento do grande geômetra.

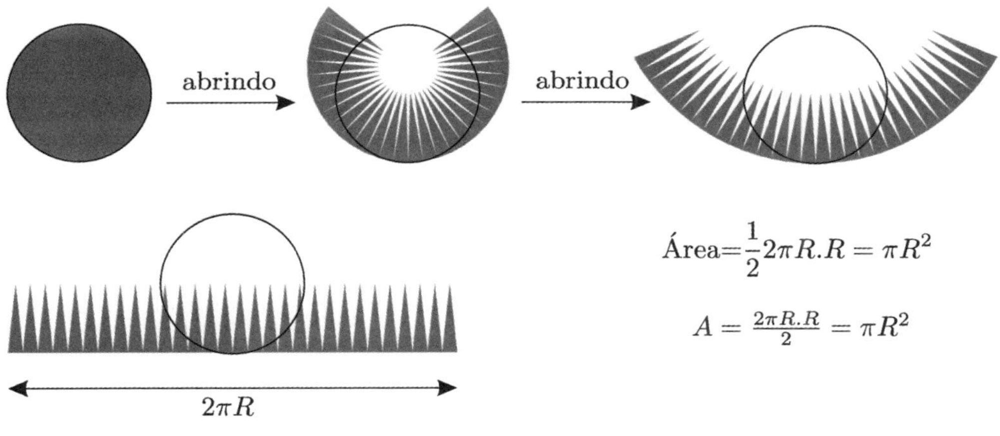

Figura 12.7

12.10 Observações quase finais

Como já observamos atrás, a apresentação de fatos geométricos que Arquimedes faz em seu livro *O Método* não o satisfaz do ponto de vista do rigor; ele os considerava válidos apenas como instrumentos de descoberta. No que diz respeito, por exemplo, aos resultados que descrevemos sobre o volume e a área da esfera, Arquimedes os demonstra rigorosamente em seu livro *Sobre a Esfera e o Cilindro, Parte II*. Ele faz isso pelos chamados *método de exaustão* e *método de dupla redução ao absurdo*[9].

[8]Isto faz lembrar o modo como a Natureza empacota os pinhões da araucária ou as castanhas das castanheiras do Pará.

[9]Descritos em nosso artigo *Arquimedes, o rigor e o método*, Matemática Universitária, dezembro de 1986.

Alguns livros do ensino médio trazem a dedução da fórmula do volume da esfera pelo *Princípio de Cavalieri*[10], que tem grande semelhança com o método mecânico de Arquimedes. Não somente Cavalieri, mas muitos outros matemáticos do século XVII adotaram procedimentos muito parecidos com os de Arquimedes, porém sem aquela excessiva preocupação com o rigor das demonstrações. E foi isso que garantiu um progresso rápido do Cálculo nos séculos XVII e XVIII.

Convém esclarecer aqui que Arquimedes nunca escreveu as fórmulas do volume e da área da esfera, como nunca escreveu fórmula alguma. Não há em seus livros uma única fórmula, por um lado porque a Matemática em seu tempo era essencialmente geométrica e as relações métricas eram expressas na forma de proporções; mas também porque essa Matemática de fórmulas só se desenvolveu a partir do século XVI.

12.11 Arquimedes e a Medalha Fields

Que é a Medalha Fields e o que ela tem a ver com Arquimedes?

John Charles Fields (1863–1932) foi um matemático canadense, professor da Universidade de Toronto. Participou ativamente como um dos organizadores do Congresso Internacional de Matemáticos de 1924, que teve lugar em Toronto. (A propósito, cabe mencionar que esses congressos vêm se realizando desde 1897, repetindo-se a cada quatro anos como os campeonatos mundiais de futebol. Como no futebol, houve interrupções, devido às guerras.) Por ocasião do congresso de 1924 o Professor Fields propôs que fosse criado um prêmio a ser concedido, em cada congresso, aos matemáticos que mais se tivessem destacado por suas pesquisas. O prêmio começou a ser concedido a partir do congresso de 1936, e consiste em uma importância em dinheiro (que em 2006 foi de 13.600 dólares) e uma medalha de ouro descrita adiante.

Era desejo do Professor Fields que o prêmio fosse não só um reconhecimento por trabalho realizado, mas também um estímulo a jovens pesquisadores. Por causa disso, esse prêmio tem agraciado somente matemáticos com menos de 40 anos de idade. O prêmio ficou conhecido como "Medalha Fields", embora isso contrarie o expresso desejo de Fields, segundo o qual o prêmio deveria ter "caráter internacional e tão impessoal quanto possível, sem ligação com nome de qualquer país, instituição ou pessoa".

Reproduzimos a seguir o anverso e o reverso da Medalha Fields para que o leitor veja com seus próprios olhos onde os matemáticos do século XX foram buscar o sábio e o fato que eles consideram o paradigma de Matemático e o símbolo de sua ciência: Arquimedes, a Esfera e o Cilindro.

[10] Bonaventura Cavalieri (1598–1645).

A Medalha Fields traz no anverso a efígie de Arquimedes, com seu nome em grego ($A\varrho\chi\iota\xi\eta\delta ous$) e a seguinte inscrição:

TRANSIRE SVVM PECTVS
MVNDOQVE POTIRE

(Superar as próprias limitações e dominar o universo.)

No reverso da Medalha aparece uma esfera inscrita num cilindro com a inscrição:

CONGREAGATI EX TOTO ORBE
MATEMATICI OB SCRIPTA
INSIGNIA TRIBVERE.

(Matemáticos de todo o mundo reunidos prestam homenagens por obras notáveis.)

Capítulo 13

Os números primos

13.1 Introdução

Uma das coisas que primeiro aprendemos aí por volta dos 3, 4, 5 anos de idade é a contagem. Os números 1, 2, 3, 4, 5, ... vão sendo aprendidos de maneira tão espontânea e natural que os matemáticos chamam esses números de *números naturais*. Seria de se esperar — e muita gente pensa assim, sejam eles leigos ou mesmo professores de Matemática — que a ciência que estuda esses números fosse o ramo mais simples e mais fácil da Matemática. Ledo engano! A *Aritmética*, também conhecida como *Teoria dos Números*[1], é uma das mais difíceis de todas as disciplinas matemáticas. Isso porque, embora os enunciados dos problemas sejam muito inteligíveis, as técnicas empregadas em seu tratamento, em geral, são bastante sofisticadas e envolvem muita Matemática avançada. Neste capítulo falaremos um pouco desses números, mais particularmente, dos números primos.

13.2 Números primos

O conceito de número primo surge de maneira natural, tão logo começamos a lidar com a multiplicação, bem no início do estudo da Aritmética. Percebemos então que alguns números[2] são o produto de outros, como $6 = 2 \times 3$, $30 = 5 \times 6$ etc. Esses números são os chamados *números compostos*. Os demais números são aqueles que não têm outros fatores além deles mesmos e da

[1] André Weil, um dos mais ilustres matemáticos do século XX, preferia a palavra "Aritmética", tanto assim que, quando ainda muito jovem foi convidado para ministrar um curso sobre o assunto. Ele então propôs que o curso se chamasse Aritmética. Mas seu superior imediato não aceitou, disse que ninguém entenderia que a universidade abrigasse um curso sobre coisa tão elementar... E André Weil (1906–1998) teve de se submeter!

[2] Em todo este capítulo "Número" significa número natural.

unidade. Em outras palavras, *número primo é todo número, maior do que 1, que é divisível somente por si mesmo e pela unidade.* Os primeiros números primos são 2, 3, 5, 7, 11, 13, 17, 19, 23, 29, 31, 37, 41 etc.

Quando um número não é primo ele pode ser decomposto em fatores primos, como

$$12 = 2 \times 2 \times 3, \quad 30 = 2 \times 3 \times 5, \quad 935 = 5 \times 11 \times 17.$$

Pelo seu caráter basilar no estudo dos números, essa propriedade é conhecida como o *Teorema Fundamental da Aritmética.* Ela significa que os números primos são, por assim dizer, os "átomos" ou "tijolos" da construção numérica pela multiplicação. Parece até que eles preexistem à especulação humana, "já estavam lá", foram "descobertos" e não "inventados" pelo homem.

Por causa mesmo desse caráter dos números primos, eles têm sido imaginados como a base do código que teria mais chance de ser entendido por eventuais seres inteligentes de outros mundos. De fato, se eu me aproximar de qualquer ser inteligente, deste ou de outro planeta, e lhe mostrar um papel com os números 2, 3, 5, 7, 11, 13, 17 etc., gravados de maneira universalmente compreensível — por exemplo, com tracinhos, assim

$$||, \quad |||, \quad |||||, \quad |||||||, \quad |||||||||||, \quad |||||||||||||, \quad |||||||||||||||||, \ldots$$

com certeza esse ser saberá que estou exibindo os números primos.

Na verdade, isso foi feito nas mensagens gravadas em CD e colocadas na primeira nave espacial a sair do sistema solar. Foram gravadas vozes de pessoas falando línguas diferentes com mensagens de paz, músicas, barulhos de pássaros e de outros animais, de correntezas de água, cascatas e cachoeiras, imagens de um homem e uma mulher, nus e de frente (o que causou protesto de certos grupos nos Estados Unidos...), imagem do sistema solar mostrando o planeta Terra, de onde procede o CD, e muitas outras coisas. Porém, de tudo isso, o que foi considerado com a maior probabilidade de ser compreendido por algum ser inteligente que viesse a apanhar o referido CD foi a sequência dos primeiros números primos.

13.3 O crivo de Eratóstenes

Uma questão natural acerca dos números primos é a de determinar todos os números primos até certo limite dado. Isso foi resolvido por Eratóstenes, de quem já falamos no Capítulo 3. A ele devemos o chamado *crivo de Eratóstenes*, que é ensinado no ensino fundamental. É um procedimento muito simples; digamos, por exemplo, que desejamos determinar todos os números primos até 80. Para isso escrevemos os números até 80 e vamos eliminando dessa sequência todos os múltiplos de 2, depois todos os múltiplos de 3, depois todos os múltiplos de 5 (observe que os múltiplos de 4 já foram eliminados ao eliminarmos os múltiplos de 2), os de 7 etc. Repare que podemos parar aí, pois viriam em seguida os múltiplos de 11. Mas os números menores que 81 que são múltiplos de 11, como o 77, teriam outro fator menor que 11; portanto, já foram eliminados! Outro exemplo: digamos que eu queira os números primos até 625; terei de eliminar os múltiplos de números até 25, que é a raiz quadrada de 625. De fato, qualquer número maior que 25, como o 29, se tiver múltiplo menor que 625 para ser eliminado, tal múltiplo terá outro fator menor que 25; portanto, tal número já terá sido eliminado. Em conclusão, para achar os números primos até um certo N, basta eliminar os múltiplos dos números (que vão ficando das eliminações anteriores) até a raiz quadrada de N. Se N for muito grande, isso passa a ser muito difícil. Por exemplo, se N tiver uns 100 algarismos, sua raiz quadrada terá uns 50 algarismos. Imagine testar a divisibilidade do número pelos primos que tenham até 50 algarismos!

Outra questão muito próxima ao crivo de Eratóstenes é a de saber se um dado número é primo ou não. Por exemplo, considere o número 907, que tem 30,17 como raiz quadrada aproximada. Se 907 for divisível por algum número primo maior que 30 ele terá de ter um fator primo menor que 30. Portanto, basta verificar se 907 é divisível por algum desses números primos menores que 30. Não é! Então 907 é um número primo.

Essa tarefa pode se tornar muito difícil em se tratando de números muito grandes, como no caso do crivo de Eratóstenes. Por exemplo, um número com 100 algarismos tem raiz quadrada com pelo menos 50 algarismos. Imagine a tarefa de verificar a divisibilidade do número dado por todos os números primos menores que sua raiz quadrada!...

O crivo de Eratóstenes pode ser programado em computador para construir tabelas de números primos até limites bem grandes. Mesmo antes dos computadores, em 1914, o matemático americano D. N. Lehmer (1867–1938) produziu a lista dos números primos até 10.006.721. Hoje em dia, com a ajuda de computadores, tornou-se passatempo preferido de muitas pessoas encontrar números primos cada vez maiores. O maior número primo encontrado até setembro de 2006 é $2^{32.582.657} - 1$, que é um número com 9.808.358 algarismos.

Há também procedimentos especiais para achar os números primos em determinados intervalos ou para decidir se um dado número é ou não primo, e isso permite encontrar números primos muito grandes.

13.4 Os números primos e a Criptografia

Por muito tempo a teoria dos números foi uma disciplina sem nenhuma aplicação prática. Tanto assim que o matemático inglês Godfrey Harold Hardy (1877–1947), que foi um dos grandes especialistas em teoria dos números em seu tempo, se jactava de produzir um tipo de Matemática que não tinha qualquer valor prático. Mas as coisas mudaram muito a partir dos anos 1970, quando produtos de apenas dois fatores primos muito grandes (da ordem de 100 algarismos cada um) passaram a ter grande importância prática na construção de métodos de codificação em Criptografia[3]. Por um processo técnico que não cabe descrever aqui, o número resultante dessa multiplicação é utilizado para construir um meio muito eficaz de codificar mensagens, pois para "quebrar" esse código é necessário conhecer os fatores primos do referido produto, uma tarefa que levaria milhões, se não bilhões de anos. É claro que os quebradores de código trabalham na pesquisa de métodos de decompor números muito grandes em seus fatores primos. Isso estimulou muito o desenvolvimento de uma área de pesquisa conhecida como "testes de primalidade", ou seja, o desenvolvimento de métodos para saber se um dado número é primo ou não. O fato é que os métodos de codificação de mensagens baseados em números primos muito grandes são hoje muito disseminados e utilizados nas áreas de governo (setores civil e militar) e nas áreas de negócios privados, como bancos, cartões de crédito etc. O leitor pode ler mais sobre Criptografia no artigo do Professor Routo Terada que aparece na RPM 12.

13.5 A infinidade dos números primos

Os números primos suscitam uma série de questões interessantes, uma das quais refere-se à quantidade de números primos existentes: será que eles formam um conjunto finito? Ou será que existe uma infinidade de números primos? Essa questão foi resolvida há 2.300 anos ou mais, pois consta dos *Elementos de Euclides*, que foram escritos por volta de 300 a.C. É notável que, numa cultura que nem sequer possuía um sistema numérico versátil como o nosso sistema decimal, e não tinha condições de encontrar números primos muito grandes como hoje em dia, fosse possível saber com segurança que a sequência dos números primos é infinita! Mas como? Simples: por meio de uma demonstração! E uma demonstração que é considerada uma das mais belas e elegantes em toda a Matemática.

Para bem esclarecer essa demonstração consideremos os números primos até um certo limite, digamos, até o número primo p: $2,\ 3,\ 5, \ldots, p$. Com eles formamos o número

$$N = 2 \times 3 \times 5 \times \ldots \times p + 1. \tag{1}$$

Por exemplo, com os primeiros números primos até $p = 11$ obtemos os números

$$2 \times 3 + 1 = 7; \quad 2 \times 3 \times 5 + 1 = 31, \quad 2 \times 3 \times 5 \times 7 + 1 = 211,$$

$$2 \times 3 \times 5 \times 7 \times 11 + 1 = 2311.$$

[3]Mesmo antes disso, a teoria dos números já tinha apresentado aplicações práticas.

Observe que todos esses números são primos. Parece até que a pessoa que fez isso pela primeira vez estivesse pensando que a fórmula (1) fosse uma geradora de números primos. Entretanto, o próximo passo, com $p = 13$, produz um número composto! Veja:

$$N = 2 \times 3 \times 5 \times 7 \times 11 \times 13 + 1 = 30031 = 59 \times 509.$$

Observe que o número N da fórmula (1), quando dividido por 2, 3, 5, ..., p, deixa sempre resto 1. Em outras palavras, nenhum dos números primos até p divide N. Portanto, de duas uma: ou N é primo, ou é divisível por um número primo maior que p. Em qualquer desses dois casos, fica provado que existe um número primo além dos números primos de 2 a p. Isso completa a demonstração de que existem infinitos números primos, pois acabamos de provar que, qualquer que seja o primo p, considerados os números primos de 2 a p, sempre existe pelo menos um outro primo maior que p.

A demonstração que acabamos de apresentar é essencialmente a mesma demonstração da Proposição 20 do Livro 9 dos *Elementos de Euclides.*

Os gregos evitavam lidar com o conceito de infinito, pelas dificuldades que esse conceito sempre causava. Daí essa Proposição 20 não dizer "existem infinitos números primos". O que está escrito lá equivale a dizer, em linguagem de hoje, que *dado qualquer conjunto de números primos, sempre existe um número primo fora desse conjunto.* E foi exatamente isso que provamos há pouco.

Uma outra pergunta natural a se fazer é sobre se existe alguma fórmula que produz todos os números primos. A resposta é afirmativa, mas essa fórmula é de quase nenhuma utilidade. (Veja o artigo da Professora Renate Watanabe na RPM 37.)

13.6 A "irregularidade" na sequência dos números primos

Uma das primeiras coisas que podemos notar na sequência dos números primos é que ela não exibe qualquer regularidade: ora os números primos aparecem próximos uns dos outros, ora mais afastados, ora mais compactados, enfim, não dá para perceber regularidade alguma. Vamos exibir aqui a lista dos números primos até 1033:

2 3 5 7 11 13 17 19 23 29 31 37 41 43 47 53 59 61 67 71 73 79 83 89 97 101 103
107 109 113 127 131 137 139 149 151 157 163 167 173 179 181 191 193 197 199
211 223 227 229 233 239 241 251 257 263 269 271 277 281 283 293 307 311 313
317 331 337 347 349 353 359 367 373 379 383 389 397 401 409 419 421 431 433
439 443 449 457 461 463 467 479 487 491 499 503 509 521 523 541 547 557 563
569 571 577 587 593 599 601 607 613 617 619 631 641 643 647 653 659 661 673

677 683 691 701 709 719 727 733 739 743 751 757 761 769 773 787 797 809 811 821 823 827 829 839 853 857 859 863 877 881 883 887 907 911 919 929 937 941 947 953 967 971 977 983 991 997 1009 1013 1019 1021 1031 1033

Como se vê, não se percebe nenhuma regularidade nessa tabela de números primos! Há até coisas interessantes que podemos observar. Por exemplo, afora os números 2 e 3, a diferença entre dois números primos consecutivos é pelo menos 2, como 3 e 5, 5 e 7, 11 e 13, 17 e 19, 29 e 31 etc. São números primos da forma $2n + 1$ e $2n + 3$, os chamados *primos gêmeos*. Não podemos ter três números primos "gêmeos", já que de três números ímpares consecutivos, um deles tem de ser divisível por 3 (prove isso!)[4].

Uma questão curiosa que foi levantada há séculos é a de saber se existem infinitos primos gêmeos. Até hoje esse problema continua sem solução. Suspeita-se que a resposta seja afirmativa, pois têm sido encontrados primos gêmeos muito grandes e cada vez mais longe na sequência crescente dos números primos.

13.7 Desertos de números primos

Outra questão curiosa sobre os números primos é a existência de intervalos, arbitrariamente grandes, onde não existem números primos, apenas números compostos. São os chamados *desertos de números primos*. Para provar isso, seja n um número qualquer, tão grande quanto quisermos. Consideramos os números[5]

$$n! + 2, \quad n! + 3, \quad n! + 4, \ldots, \; n! + n.$$

Todos eles são compostos, pois o primeiro é divisível por 2, o segundo por 3, o terceiro por 4, até o último que é divisível por n. Isso significa que o intervalo que vai de $n! + 2$ até $n! + n$ é um deserto de números primos; e repare que esse intervalo pode ser tão grande quanto quisermos, pois para isso basta tomar n suficientemente grande.

[4] Se você não conseguiu provar, aqui vai a demonstração: dados quaisquer três números ímpares consecutivos, como $2n + 1$, $2n + 3$ e $2n + 5$, observe que dos três números consecutivos $2n + 1$, $2n + 2$ e $2n + 3$, um deles é divisível por 3. Se o $2n + 1$ for assim divisível, ou o $2n + 3$, nada mais a provar; se for o $2n + 2$ o que é divisível por 3, então o $2n + 5$ também será divisível por 3, o que completa a demonstração.

[5] Lembramos que $n!$ significa $1 \times 2 \times 3 \times 4 \times \cdots n$.

Capítulo 14

A Astronomia na Antiguidade

14.1 Introdução

A Astronomia foi a ciência onde a Matemática primeiro provou sua eficácia como instrumento adequado à explicação dos fenômenos. Foi Pitágoras, no século VI a.C., quem primeiro percebeu que o número estava intimamente ligado aos tons musicais; e daí passou a crer na importância do número como elemento essencial na composição de todos os fenômenos, entendendo mesmo que o número fosse a essência do Universo. Pitágoras era natural de Samos (veja essa ilha na Figura 5.1, p. 39, mas depois se estabeleceu em Crótona (Figura 12.1, p. 93), uma das colônias da Magna Grécia.

Mas, desde muito antes de Pitágoras, os astros sempre impressionaram profundamente os seres humanos. Isso estimulava as observações e a coleta de dados sobre as posições e os movimentos dos astros, principalmente o Sol, a Lua e os planetas. Todos os esforços eram feitos para explicar como esses corpos celestes se moviam, como se davam os eclipses, como eles poderiam ser previstos etc. Mas, foi só com a crescente utilização da Matemática no estudo dos movimentos celestes que os astrônomos foram, aos poucos, encontrando maneiras cada vez mais convenientes de explicar todos esses fenômenos.

Neste capítulo, faremos um apanhado da Astronomia matematizada que se desenvolveu na Grécia e no mundo helenístico. Nos próximos dois capítulos, voltaremos a falar de outros episódios importantes da Astronomia em tempos mais recentes.

14.2 O sistema de Eudoxo

Muitas pessoas pensam que Ptolomeu inventou o sistema geocêntrico. Isso não é verdade; a ideia de que a Terra fosse fixa, com o Sol, a Lua, os planetas e as estrelas girando em torno dela é antiga e já se encontra em Aristóteles (384–322 a.C.). Mas é mais antiga ainda, datando de pelo menos os pré-socráticos. Isso para falar somente no que acontecia na Grécia.

Essas ideias vinham de longe no passado. O espetáculo dos céus certamente atraiu a atenção do homem desde tempos imemoriais. Hoje em dia, nas regiões urbanas, tem-se muito pouca chance de observar o céu estrelado. A situação é muito diferente para quem vive ou cresceu em área rural. E é então fácil imaginar como pastores os mais antigos, que passavam noites em vigília com seus rebanhos, deviam gastar horas admirando as estrelas. E decerto notavam que todas elas se moviam juntas, de Leste para Oeste, como se estivessem engastadas numa imensa esfera, a *abóbada celeste*. Essas estrelas são chamadas *estrelas fixas*, justamente por parecerem fixadas na abóboda, ao contrário do Sol, da Lua e dos planetas, que se deslocam no meio das estrelas fixas. O Sol e a Lua deslocam-se sempre na mesma direção, de Oeste para Leste, portanto, em direção oposta à do movimento da abóboda[1]. O movimento de um planeta é mais complicado ainda, pois ele se desloca, ora no mesmo sentido das estrelas (movimento direto), ora em sentido contrário (movimento retrógrado); daí o nome "planeta", que significa "errante". (A Figura 14.1 ajuda a compreender esse movimento.)

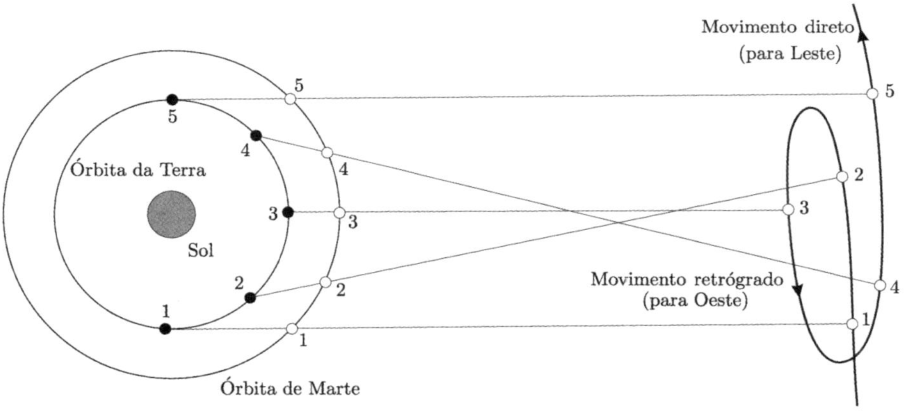

Figura 14.1

A grande admiração que o espetáculo dos céus sempre despertou nos seres humanos, aliada a ideias religiosas e de perfeição absoluta, fez com que se acreditasse que os planetas, juntamente com o Sol e a Lua, deviam descrever círculos, já que o círculo seria a mais perfeita das curvas; e deviam fazê-lo com velocidade

[1]O movimento do Sol é observado indiretamente, pelo deslocamento do ponto que lhe é diametralmente oposto, ou seja, pelo movimento, dia após dia, do zênite do observador à meia-noite do lugar em que ele se encontra.

uniforme, também porque o movimento uniforme era considerado o mais perfeito dos movimentos. Em consequência, o que era observado nos céus era entendido como simples aparência, e deveria ser explicado em termos de uma conveniente composição de movimentos circulares uniformes. A esse problema os gregos deram o nome de *salvar as aparências*.

Eudoxo (aprox. 408–355 a.C.), que nascera em Cnidos (veja essa localidade no mapa da Figura 12.1, p. 39), era ligado à Academia de Platão (429–348 a.C.) Como já dissemos antes, na p. 60, ele foi o maior matemático da Antiguidade depois de Arquimedes; e foi também o primeiro a formular uma teoria geocêntrica que explicasse o movimento errático dos planetas, do Sol e da Lua entre as estrelas fixas. Para isso ele concebeu o universo como constituído de uma série de esferas, todas elas centradas na Terra, e todas elas executando movimentos de rotação uniforme. As estrelas fixas estavam engastadas em uma única esfera, a de maior raio. As demais esferas eram utilizadas pelos planetas então conhecidos — Mercúrio, Vênus, Marte, Júpiter e Saturno —, bem como pelo Sol e a Lua, da seguinte maneira: um astro como o Sol estaria engastado no equador de uma das esferas, a qual, enquanto em rotação, teria seu eixo fixado em outra esfera exterior, que, por sua vez, executaria rotação em outro eixo. O Sol, a Lua e cada um dos planetas poderiam ter três ou mais esferas, cujos eixos e velocidades de rotação seriam ajustados de forma a produzir o movimento que era observado da Terra como pura "aparência".

O sistema de Eudoxo, naturalmente chamado de *sistema das esferas concêntricas*, utilizava dezenas de esferas, era muito complicado e só propiciava uma descrição qualitativa e incompleta do que se observava nos céus. Outros astrônomos fizeram tentativas de aperfeiçoá-lo, mas sem sucesso.

Quase todos os matemáticos que viveram entre Eudoxo e Ptolomeu, este no século II d.C., foram também astrônomos. Dentre todos vamos mencionar somente três deles, antes de falar de Ptolomeu, que será nosso último personagem deste capítulo.

14.3 Aristarco — o Copérnico da Antiguidade

O maior astrônomo depois de Eudoxo foi Aristarco de Samos, de quem já nos ocupamos no Capítulo 4, descrevendo os notáveis cálculos que ele fez das distâncias do Sol e da Lua. Ele é chamado "O Copérnico da Antiguidade", por haver proposto que o Sol permanecesse fixo e a Terra, a Lua e os planetas girassem em sua volta. Infelizmente, essa obra de Aristarco se perdeu, mas dela há referências em vários outros autores daquela época. Arquimedes, por exemplo, em seu livro intitulado *O Arenário* ou *O Contador de Areia*, descreve o "universo de Aristarco" na própria introdução de seu livro, introdução essa que é como uma carta dirigida ao rei de Siracusa, na qual ele procura impressionar o rei sobre a possibilidade de escrever um número tão grande a ponto de superar o número de grãos de areia necessários para encher todo o universo[2]. E Arquimedes não se contenta com o universo dos astrônomos mais antigos, mas prefere o universo de Aristarco que, segundo ele, é muito maior que tudo o mais que se concebera até então. Ele escreve:

Aristarco escreveu um livro enunciando certas premissas que levam à conclusão de que o universo é muitas vezes maior do que atualmente se pensa. De acordo com ele, as estrelas e o Sol permanecem fixos, enquanto a Terra gira numa circunferência centrada no Sol; e a esfera das estrelas fixas, também centrada no Sol, é tão grande que a órbita da Terra tem um raio praticamente nulo quando comparado com o da esfera das estrelas fixas.

Como dissemos, não só Arquimedes fala dessa obra de Aristarco, mas dela há referências em outros autores da Antiguidade. Uma passagem de Plutarco diz:

...Cleantes achava que era dever dos gregos condenar Aristarco de Samos pela impiedade por tentar salvar os fenômenos fazendo com que o céu ficasse fixo e a Terra se deslocasse num círculo e ao mesmo tempo revolvesse em seu próprio eixo.

Há outras referências ao livro de Aristarco, e também referências a outros astrônomos que também estariam ensinando que a Terra se deslocava no espaço e se revolvia em torno de seu eixo. Em vista de tudo isso, os historiadores da ciência não têm dúvidas de que Aristarco escreveu o referido livro, portanto, ele bem merece o justo tributo que lhe prestam chamando-o "O Copérnico da Antiguidade".

Esse livro de Aristarco certamente estaria na Biblioteca de Alexandria, de cuja destruição falamos no Capítulo 5. Quando refletimos sobre isso, e sobre os muitos outros livros que lá estavam e que foram destruídos para sempre — livros sobre a Matemática anterior a Euclides, Astronomia, Física, Medicina, Engenharia, Geografia, Cartografia, obras literárias as mais variadas, e tudo o mais que diz respeito à atividade intelectual do ser humano — só então podemos avaliar a imensa e irreparável tragédia que foi a destruição dessa famosa biblioteca!...

---

[2]Hoje em dia isso é muito fácil, basta escrever uma potência de 10 com expoente bem grande; por exemplo, 10^{100} já ultrapassa, e de muito, o número de todos os átomos do universo. Mas a tarefa de Arquimedes não era simples porque o sistema numérico de seu tempo não possuía a facilidade do sistema posicional que usamos hoje.

14.4 Hiparco

Um dos maiores astrônomos da Antiguidade foi Hiparco (190–120 a.C.), que era natural de Rodes (veja essa ilha no mapa da Figura 5.1, p. 39). Até sua época os astrônomos só utilizavam em seus trabalhos recursos numéricos e métodos geométricos. Com Hiparco tem início a Trigonometria, que seria um novo e poderoso recurso da Astronomia, sobretudo a chamada trigonometria esférica. O primeiro elemento da Trigonometria é a chamada *tabela de cordas*, que descreveremos na próxima seção para, em seguida, ilustrar sua utilidade. Hiparco foi o primeiro a construir uma tal tabela. Disso sabemos, não por algum escrito seu sobre o assunto, pois nenhum sobreviveu para chegar aos tempos modernos, mas sim por referências a suas obras encontradas nos escritos de outros sábios da Antiguidade, notadamente Ptolomeu.

14.5 Uma tabela de cordas

Para bem entender o que é uma tabela de cordas, consideremos uma circunferência de centro O e raio R; e nessa circunferência vários ângulos centrais, como AOB, COD e EOF, ilustrados na Figura 14.2. Uma vez fixado o raio R, esses ângulos ficam completamente caracterizados pelas cordas que os subtendem, respectivamente AB, CD e EF. Assim, se dispusermos das cordas correspondentes aos diferentes ângulos com que temos de lidar, podemos dizer que, ao menos em teoria, conhecemos plenamente esses ângulos. Portanto, uma tabela de cordas é uma lista dos comprimentos das cordas correspondentes a vários valores dos ângulos centrais de uma circunferência de raio conhecido, digamos, os ângulos de meio em meio grau, de zero a 180°.

14.6 Fazendo um mapa celeste

Vamos explicar como uma tabela de cordas pode ser utilizada para fazer a representação plana de uma região da esfera celeste. Os corpos celestes, como estrelas e planetas, são por nós observados como pontos luminosos sobre uma esfera centrada na Terra, a *abóboda celeste.* Seja R o raio dessa esfera e T seu centro.

Suponhamos que se queira fazer, no papel (numa folha de papiro, para falar do que acontecia há mais de dois milênios), o mapa de uma parte restrita da abóboda celeste. Fosse isso em Alexandria, Siracusa ou Rodes, e o certo seria imaginar uma região bem visível e familiar do Hemisfério Norte, mas aqui no Brasil o mais natural é imaginar um mapa celeste em volta da constelação do Cruzeiro do Sul. Partimos do pressuposto de que já dispomos de uma tabela de cordas associadas a ângulos numa circunferência de raio R. Vamos iniciar com os pontos A e B marcados na Figura 14.3 como representantes das estrelas que ficam nas extremidades do braço maior do Cruzeiro. Esses pontos jazem num grande círculo da esfera celeste, isto é, um círculo que passa por esses pontos e cujo centro coincide com o centro T da esfera. Assim, eles são marcados no mapa plano de acordo com o comprimento da corda AB que subtende o ângulo ATB.

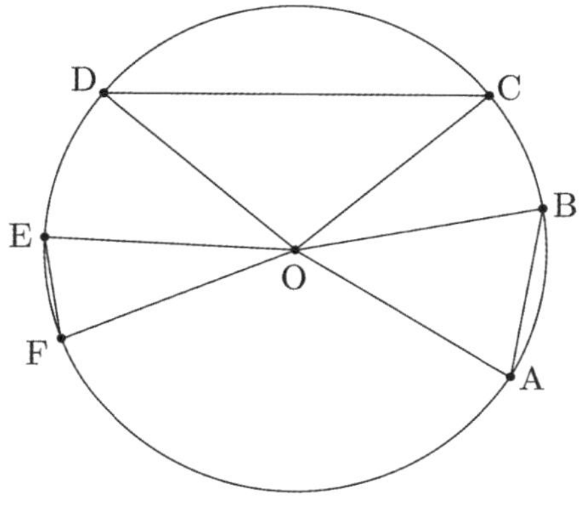

Figura 14.2

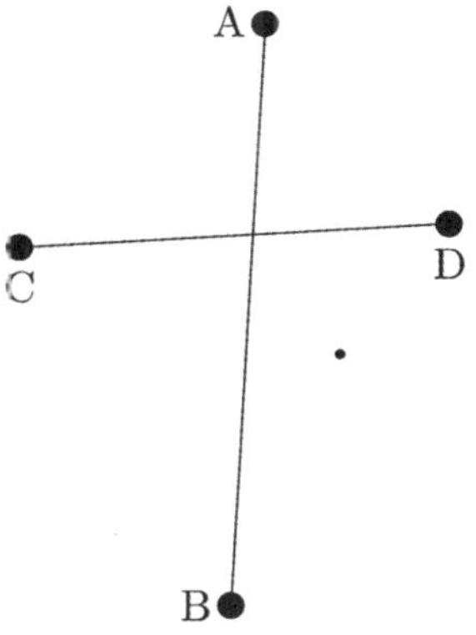

Figura 14.3

Para explicar como marcar os pontos C e D que representam as estrelas do braço transversal, consideremos primeiro C, à esquerda de AB na Figura 14.3. Conhecendo os ângulos ATB, ATC e BTC, conhecemos também, pela tabela, as cordas AB, AC e BC; portanto, conhecemos os três lados do triângulo ABC. Isso permite marcar o ponto C. O ponto D é marcado de maneira semelhante, do lado direito de AB. A partir daí, todas as outras estrelas vizinhas vão sendo marcadas no mapa plano de maneira análoga.

Essa breve descrição de como fazer um mapa plano de uma região restrita do céu é apenas uma das necessidades práticas que ilustra a utilidade de uma tabela de cordas.

Ao construir sua tabela de cordas, Hiparco teria utilizado $R = 3438$ como raio da esfera celeste. O porquê desse número com certeza é devido ao fato de que, com ele, a circunferência de um círculo máximo na esfera teria comprimento $2\pi R \approx 21600 = 360 \times 60$. Assim, a corda associada ao ângulo de um minuto teria comprimento unitário. Não só essa suposta tabela de Hiparco ficou desconhecida da posteridade, como não sabemos também como ela teria sido construída.

14.7 A precessão dos equinócios

Uma das mais importantes e admiráveis descobertas de Hiparco é a precessão dos equinócios. Vale a pena explicar aqui o que isso significa. Mas primeiro temos de lembrar os eventos importantes que marcam o início de cada uma das quatro estações do ano. E para isso fazemos referência à Figura 14.4, onde representamos a Terra percorrendo seu trajeto em torno do Sol durante um ano, ao mesmo tempo em que gira em torno de seu eixo de rotação em 24 horas. Lembramos que esse eixo faz um ângulo de aproximadamente $23,5°$ com a perpendicular ao plano da órbita terrestre em volta do Sol. A figura ilustra quatro posições da Terra em sua órbita: em P ela recebe os raios solares perpendicularmente a seu eixo de rotação; é o início da primavera. Em V o Sol atinge posição mais afastada ao sul, quando tem início o verão para nós do Hemisfério Sul. Em O os raios solares voltam a incidir perpendicularmente ao eixo de rotação da Terra, e tem início o outono. Finalmente, em I o Sol atinge sua posição mais afastada ao norte, quando, para nós do Hemisfério Sul, tem início o inverno.

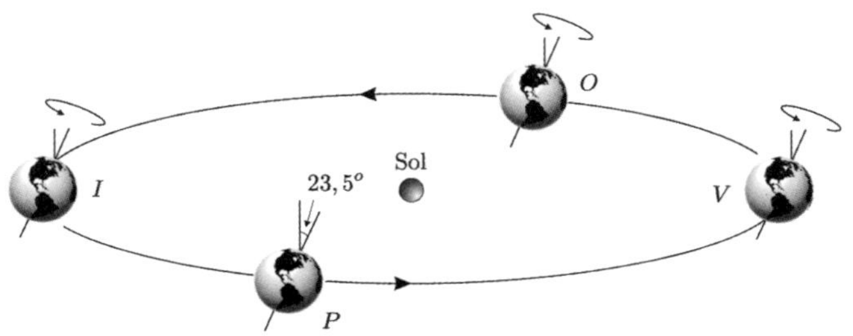

Figura 14.4

Quando a Terra passa pelas posições P e O, os dias e as noites têm a mesma duração em todos os pontos do planeta, como ilustra a Figura 14.5, onde vemos os raios solares incidindo perpendicularmente ao eixo de rotação da Terra. Por causa disto, as posições P e O são chamadas *equinócios* da primavera e do outono, respectivamente, pois *equi* significa "igual".

Vamos explicar outro modo de definir os equinócios. Para isso primeiro definimos a *eclíptica*, que é a circunferência em que o plano da órbita da Terra corta a abóboda celeste; analogamente, *equador celeste* é a circunferência em que o plano do Equador terrestre corta a abóboda celeste. O equador celeste intersecciona a eclíptica em dois pontos, P e O, como ilustra a Figura 14.6. Esses pontos são os *equinócios* da primavera e do outono, respectivamente.

Com um pouco de reflexão o leitor deve perceber que a eclíptica é a trajetória do Sol em seu movimento aparente entre as estrelas fixas, através das constelações do zodíaco, durante um ano, de Oeste para Leste.

Ainda com referência às Figuras 14.4 e 14.6[3], vemos que as posições V e I

[3]Ao comparar estas duas figuras, não fique confuso: a primeira delas mostra a Terra percorrendo sua trajetória anual em volta do Sol, enquanto a Figura 14.6 ilustra o deslocamento anual do Sol em meio às estrelas fixas, o qual se processa de oeste para leste.

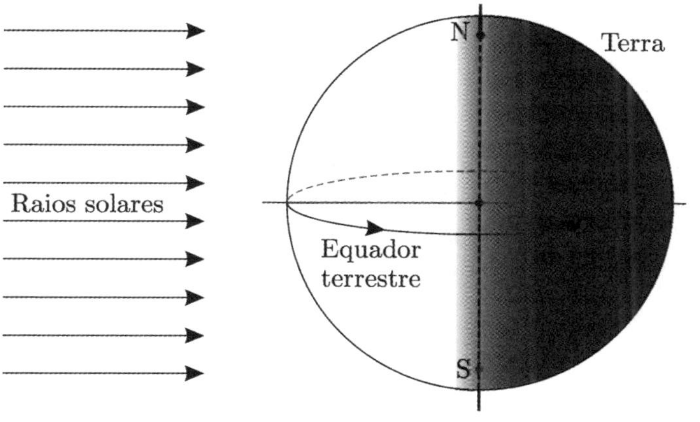

Figura 14.5

da Terra correspondem às posições em que o Sol se encontra mais afastado, para o Sul e para o Norte, respectivamente. São os *solstícios* de verão e inverno, respectivamente, os quais estão representados também na Figura 14.6. Chamam-se solstícios justamente porque o Sol como que para momentaneamente e começa a voltar em sua trajetória sul-norte e norte-sul. A posição extrema do Sol ao sul marca o trópico de Capricórnio e a posição extrema ao norte o trópico de Câncer, que são paralelos de latitudes $\approx 23,5^\circ$ sul e norte, respectivamente.

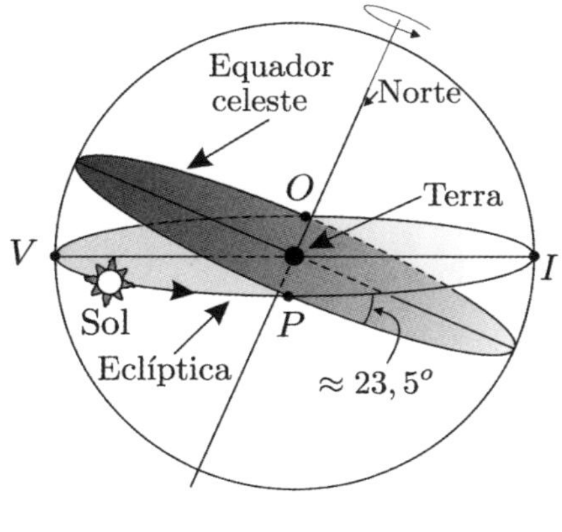

P	=	Equinócio da primavera (setembro)
V	=	Solstício de verão (dezembro)
O	=	Equinócio de outono (março)
I	=	Solstício de inverno (junho)

Figura 14.6

A *precessão dos equinócios* é o deslocamento desses pontos V e I ao longo da eclíptica. Esse fenômeno ocorre porque a Terra se comporta como um pião de brinquedo. Quando lançamos um pião logo notamos que, além de sua rotação muito rápida, ele também executa uma outra rotação, bem mais lenta e em sentido oposto ao da anterior, a qual se processa em torno da vertical que passa pelo ponto de contato do pião com o solo. É esse movimento que se chama *precessão*[4]. A Terra se comporta como um pião no espaço, como ilustra a Figura 14.7. Nessa figura, além do eixo de rotação da Terra, que intersecciona o Hemisfério Norte da abóboda celeste no *polo norte celeste*, representamos também o eixo de precessão, designado *eixo da eclíptica*, o qual passa pelo centro da Terra e é perpendicular ao plano da eclíptica, ou plano da órbita terrestre. O ponto onde ele intersecciona o Hemisfério Norte da abóboda celeste é chamado *polo da eclíptica* (mais precisamente, *"polo norte" da eclíptica*). A Figura 14.7 ilustra os dois eixos, um apontando para o polo norte celeste e o outro para o polo norte da eclíptica. Nessa figura, a Terra aparece como um enorme pião, executando sua precessão em volta do eixo da eclíptica.

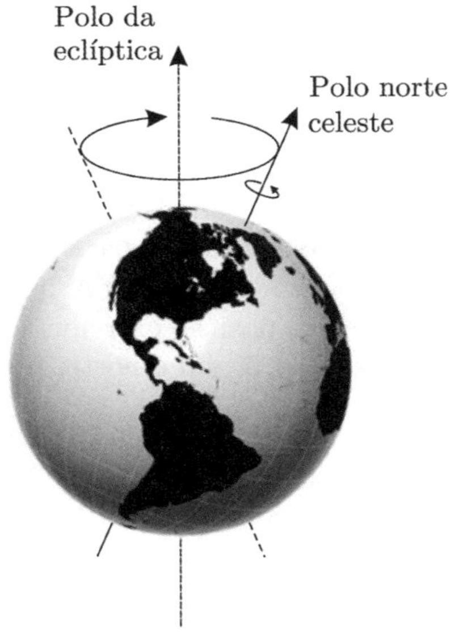

Figura 14.7

A precessão tanto pode ser observada no deslocamento dos pontos equinociais (Figura 14.6) como no trajeto do polo norte celeste ao longo de uma circunferência centrada no polo da eclíptica, como ilustra a Figura 14.8. Foi na observação deste último movimento que Hiparco descobriu a precessão dos equinócios. Mas não uma observação direta. Ele jamais constataria esse fenômeno durante seu tempo de vida, pois a precessão dura cerca de 26.000 anos! Ou seja, uma volta completa

[4] A precessão é causada pela ação gravitacional sobre o pião, o qual tem um ponto de seu eixo tocando o solo. Infelizmente, não temos como apresentar aqui uma explicação física satisfatória desse fenômeno.

de 360° em 26.000 anos, equivalente a

$$360 \div 26000 \approx 0,0138461 \quad \text{de grau por ano,}$$

o mesmo que $0,0138461 \times 60 \times 60 \approx 50''$ por ano, ou ainda, 1,38° a cada 100 anos!

Hiparco descobriu a ocorrência desses deslocamentos do polo norte celeste estudando as observação astronômicas realizadas séculos antes pelos babilônios. Ele comparou essas observações com as observações atualizadas que ele próprio realizava na ilha de Rodes. E dessa comparação ele pode inferir que o polo norte celeste havia realmente sofrido deslocamentos ao longo dos séculos. Não é admirável que Hiparco tenha descoberto tal deslocamento dos equinócios?! E isso valendo-se apenas das observações dos babilônios, numa época em que elas não podiam ter muita precisão, pela falta de relógios e outros instrumentos adequados! Mais uma razão para admirarmos também os feitos dos babilônios!

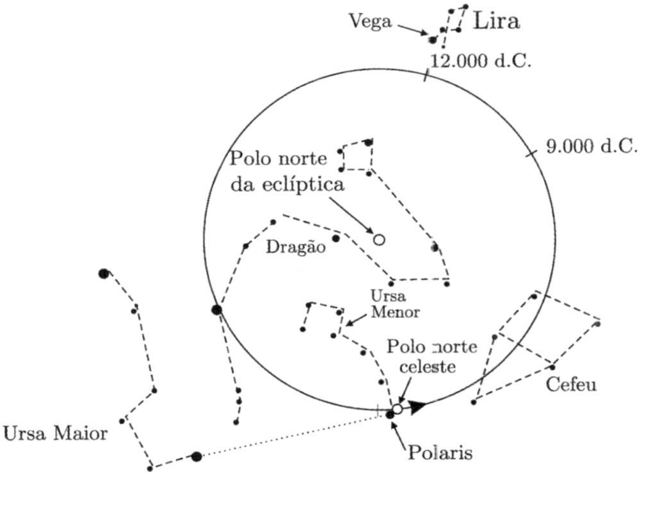

Figura 14.8

14.8 As causas da precessão

Embora não possamos dar uma explicação completa da precessão dos equinócios, fazemos as seguintes considerações. Primeiro observamos que, ao lançar um pião de brinquedo, seu movimento de precessão só se manifesta a partir do momento em que ele adere a um ponto do chão. Ora, diferentemente do pião, os pontos do eixo de rotação da Terra estão todos livres no espaço. Não obstante isso, a precessão é causada pelas atrações gravitacionais sobre a Terra, principalmente as mais fortes que são as do Sol e da Lua. Essas atrações, aliadas ao fato de que a Terra é achatada nos polos e dilatada no equador, permitem explicar a origem da precessão dos equinócios no âmbito da "teoria do giroscópio", um assunto tratado em cursos avançados de Mecânica e que não temos como explicar aqui.

14.9 Ainda a figura anterior

Como o polo norte celeste se encontra muito próximo da estrela polar (chamada Polaris) (Figura 14.8), costuma-se confundi-lo com essa estrela, que os navegantes do Hemisfério Norte têm usado nas avaliações de suas latitudes. Das várias constelações próximas ao polo norte celeste e ao polo norte da eclíptica, são bem conspícuas a Ursa Maior, o Dragão, a Ursa Menor, Cefeu e Lira, todas elas ilustradas na Figura 14.8. A Ursa Maior é bem visível, até no sul do Brasil, por volta das 8 horas da noite em meados do mês de maio; e vai-se tornando cada vez mais alta no céu daqui para o futuro. Como a precessão dura cerca de 26.000 anos, vemos que, por volta de 10.000 d.C. a Ursa Maior estará atingindo sua altura máxima. Na figura pode-se ver também que a estrela polar se encontra aproximadamente no prolongamento de um dos lados da Ursa Maior.

14.10 Menelau

Outro grande astrônomo depois de Hiparco foi Menelau de Alexandria, que viveu no período de aproximadamente 70 a 140 d.C. *Esférica* é a única de suas obras que chegou até nós passando pelos árabes. Nesse livro ele trata de diversas questões de geometria esférica, com muitos resultados novos que ele mesmo demonstrou e ultilizou em seus cálculos astronômicos.

14.11 Ptolomeu

Mas o mais célebre astrônomo depois de Hiparco foi Cláudio Ptolomeu[5], que viveu e trabalhou em Alexandria por volta do ano 150 d.C. Nessa época, Alexandria ainda era o centro mais importante de altos estudos do mundo greco-romano, e sua biblioteca com certeza ainda era a melhor em comparação com as similares de todos os outros centros. G. J. Toomer, uma das maiores autoridades em Ptolomeu, é de opinião que ele tenha vivido entre 100 e 175 da nossa era. Toomer é o autor da melhor tradução do *Almagesto* em inglês, publicada em 1984. O título original dessa obra é *Coleção Matemática* ou *Sintaxe Matemática*;

[5]Convém relembrar o que já dissemos no Capítulo 5: este Ptolomeu não tinha qualquer parentesco com os Ptolomeus que reinaram em Alexandria.

mas com os árabes o livro de Ptolomeu passou a se chamar "Almagesto", que significa "O Maior"[6].

Quase tudo o que sabemos sobre Ptolomeu provém principalmente de informações encontradas no *Almagesto*. Por exemplo, Ptolomeu faz referências a eclipses que ele mesmo observou, cujas datas de ocorrência são também conhecidas por meio de outras fontes, o que permite inferir a época em que ele viveu, trabalhou e publicou.

O *Almagesto* é, em vários sentidos, uma obra monumental. A tradução de Toomer conta quase 700 páginas; e o livro contém tudo o que se sabia de Astronomia até a época em que foi escrito, e contém muitas referências a trabalhos de seus antecessores[7], particularmente Hiparco e Menelau. Isso permite aos especialistas separarem na obra o que é contribuição original de Ptolomeu do que já era sabido antes dele. Por causa dessas qualidades, os escritos anteriores ao *Almagesto*, como os de Hiparco, desapareceram, pois, dada a dificuldade e o alto preço de produzir reproduções de qualquer obra naquela época, quando aparecia uma que lhe fosse superior, as similares mais antigas acabavam desaparecendo. Foi isso também que aconteceu com as obras matemáticas que antecederam os *Elementos de Euclides*.

14.12 Ptolomeu e o Almagesto

O mérito de Ptolomeu foi o de ter ido muito além de seus antecessores, desenvolvendo um complicado sistema de círculos e movimentos uniformes. Para facilitar a compreensão, vamos primeiro considerar uma situação bem simplificada. Imaginemos que o planeta se desloca com movimento uniforme sobre um círculo chamado *epiciclo*, cujo centro, por sua vez, também se desloca com movimento uniforme sobre outro círculo chamado *deferente*, o qual é centrado na Terra (Figura 14.9). Sejam v_1 e v_2 as velocidades do centro do epiciclo e do planeta, respectivamente. Um ajuste conveniente dessas velocidades, com $v_1 < v_2$, permite explicar o movimento de cada planeta, desde que se ajustem não somente as velocidades, mas também os raios dos círculos envolvidos; e em muitas situações Ptolomeu teve de utilizar epiciclos sobre epiciclos (Figura 14.10), além de fazer ajustes convenientes dos planos dos diferentes círculos, muitos deles inclinados uns sobre os outros, além de outros elementos utilizados. A construção é complexa e tinha de produzir uma teoria que se adequasse aos dados de observação então disponíveis. Ao contrário de Eudoxo, a construção de Ptolomeu era *quantitativa*, repousando pesadamente na Geometria.

[6] Assim, quando falamos "O Almagesto" estamos empregando o artigo "O" duas vezes...

[7] Contrariamente aos Elementos de Euclides, que não contém referência alguma a seus antecessores!

O *Almagesto* é uma obra admirável sob vários aspectos. Foi a primeira teoria matemática consistente sobre uma classe importante de fenômenos naturais, que explicava de maneira bastante satisfatória o movimento dos planetas, do Sol e da Lua, permitindo fazer previsões de eclipses e efemérides com razoável aproximação. Não fosse por sua eficácia e não teria durado mais de mil anos, percorrendo o mundo helenístico, passando pelos bizantinos e os árabes, para depois chegar à Europa. Nem mesmo Copérnico conseguiu desbancar o *Almagesto*. Aliás, a obra de Copérnico apareceu em 1543, mas só começou a ser levada a sério depois de 1600; e, não obstante os ajustes tentados por Tycho Brahe e Kepler, só vingou definitivamente a partir de aproximadamente cem anos após seu primeiro aparecimento. Falaremos sobre isso nos próximos dois capítulos.

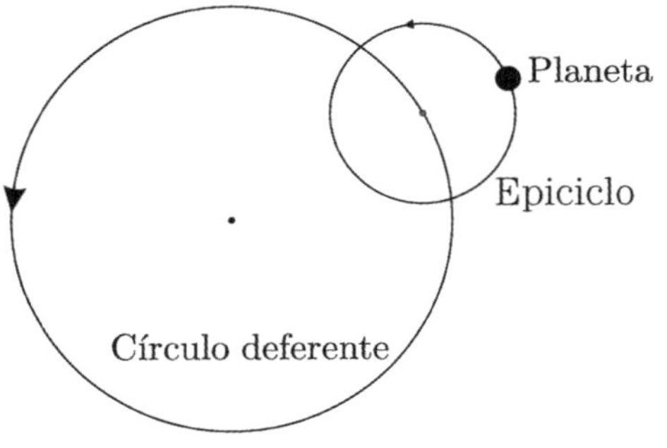

Figura 14.9

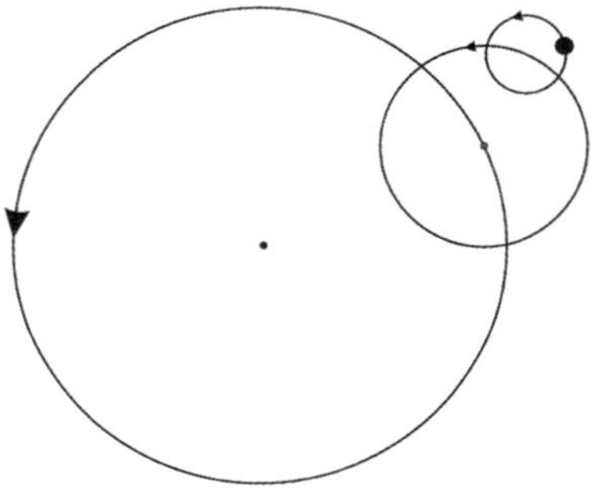

Figura 14.10

14.13 Geocentrismo e heliocentrismo

Dissemos que há vários equívocos sobre Ptolomeu e o *Almagesto*; e mencionamos o geocentrismo, que não foi invenção de Ptolomeu.

Outro fato pouco compreendido reside na afirmação de que o geocentrismo é falso, pois a Terra não está fixa no espaço e sim o Sol. Mas não é bem assim, pois o movimento é relativo a um determinado sistema de referência. Se nossa referência for o Sol, então a Terra estará em movimento, mas se nossa referência for a Terra, o Sol é que estará em movimento. Imagine um astronauta na Lua; ele vê a Terra em movimento em volta da Lua, de forma que para ele é mais conveniente pensar na Lua como fixa e na Terra como em movimento. Imagine agora uma cápsula espacial regressando à Terra. É claro que os astronautas na cápsula, ou os controladores em Terra, vão referir o movimento da cápsula à Terra e não ao Sol ou à Lua.

Portanto, a rigor, tanto faz dizer que o Sol gira em torno da Terra ou que a Terra gira em torno do Sol. O sistema heliocêntrico é preferível para muitos propósitos, como por exemplo para descrever o movimento dos planetas, por ser, neste particular, muito mais simples que o sistema geocêntrico. Trata-se de uma simplicidade cinemática, mas que decorre da dinâmica do movimento; ou ainda, dito de maneira mais direta: porque o Sol, contendo quase toda a massa do sistema solar, concentra as forças predominantes de atração sobre os planetas, as quais são responsáveis por órbitas (aproximadamente elípticas) muito mais simples que as que se manifestam no sistema geocêntrico.

Mas há situações em que é mais conveniente raciocinar no sistema geocêntrico que no heliocêntrico. Isso acontece, por exemplo, na determinação da hora de um determinado lugar na superfície terrestre, que depende da rotação da abóboda celeste em torno da Terra; e também em Cartografia, Geodésia, Navegação etc. Em nosso dia a dia falamos o tempo todo em nascer e pôr do Sol e da Lua, o que está perfeitamente correto. O raciocínio de Aristarco descrito no Capítulo 4, por exemplo, até independe de saber se é a Terra ou o Sol que está fixo.

A bem da verdade é bom que se diga: a obra de Ptolomeu apresenta tanta engenhosidade ou até mais que a de Copérnico; e que Ptolomeu estava tão a par da hipótese heliocêntrica (de Aristarco) como Copérnico. Ele só não a adotou, como ele mesmo disse, por causa das dificuldades da física (aristotélica) prevalente em sua época. Aliás, dissemos há pouco que demorou cerca de cem anos para a plena aceitação do sistema heliocêntrico de Copérnico; e isso aconteceu, em grande parte, pelas mesmas objeções dos tempos de Hiparco e Ptolomeu.

14.14 A tabela de cordas do Almagesto

Tendo em vista o trabalho que Ptolomeu desenvolveu na construção de sua teoria astronômica, ele teve de construir, logo de início, uma tabela de cordas. É por isso que o *Almagesto* contém, em sua parte inicial, todo um trabalho dedicado à construção de uma tabela de cordas. Ele faz isso numa circunferência de raio 60, desde o ângulo de meio grau até o ângulo de 180°, de meio em meio grau.

Não vamos dar os detalhes aqui por se tratar de assunto muito técnico e relativamente longo; e também porque o leitor interessado poderá ver esses detalhes muito bem explicados na Seção 4.3 do excelente livro de Asger Aaboe, *Episódios da história antiga da Matemática*, publicação da SBM.

Capítulo 15

Copérnico e a Astronomia

15.1 Introdução

No Capítulo 1 falamos das dificuldades do professor em responder às perguntas de seus alunos sobre a utilidade da Matemática. Nos Capítulos 3 e 4 demos exemplos de aplicações interessantes ocorridas na Astronomia, ainda na Antiguidade. Em vários dos outros capítulos que antecedem ao presente, apresentamos histórias e vários outros fatos interessantes que podem despertar o interesse dos alunos pela Matemática. No presente capítulo mostraremos mais aplicações de fatos matemáticos relativamente simples, desta vez em tempos mais recentes, na teoria heliocêntrica de Copérnico. São, de certo modo, uma continuação do que vimos no capítulo anterior e que, como naquele capítulo, são coisas que nunca aparecem nos livros do ensino médio, embora estejam perfeitamente ao alcance dos alunos nesse nível do ensino.

15.2 As objeções de Hiparco

Como explicamos no capítulo anterior, a ideia de que o Sol está fixo no espaço e os planetas, inclusive a Terra e as estrelas giram em torno dele, não vingou porque esbarrava em sérias dificuldades, uma das quais é uma objeção muito interessante, aparentemente levantada pela primeira vez por Hiparco (de quem já falamos no capítulo anterior). Se a Terra girasse em torno do Sol, dizia Hiparco, a direção em que vemos uma estrela particular deveria variar durante o ano (Figura 15.1). E Hiparco, um eminente e respeitado astrônomo, nunca constatou esse fenômeno em suas observações.

Para bem entender do que estamos falando, imagine um observador olhando fixamente para a frente, movimentando a cabeça para a direita e para a esquerda. Ele notará que os objetos diante de si também se movimentam, para a esquerda e para a direita, respectivamente (em relação aos objetos mais distantes); e eles "se deslocam" tanto menos quanto mais afastados estiverem do observador. Pois bem, era exatamente esse deslocamento que Hiparco esperava das estrelas, se é que a Terra estivesse mesmo dando voltas em torno do Sol. Ao que parece, Hiparco descartava como absurda a ideia de que as estrelas estivessem tão afastadas de nós a ponto de permanecerem praticamente fixas na abóboda celeste.

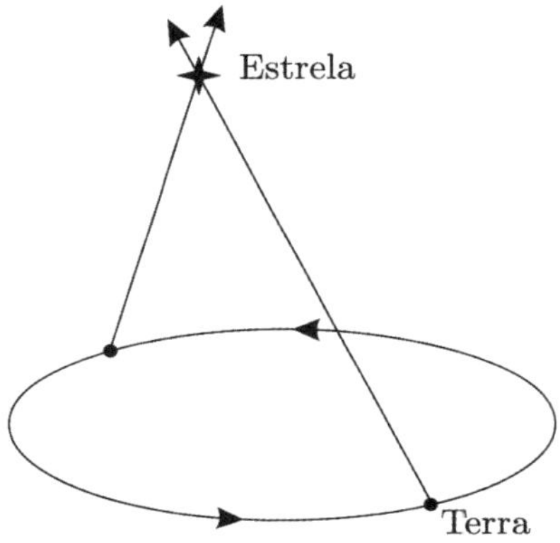

Figura 15.1

Hoje sabemos que as estrelas efetivamente se deslocam ao longo do ano, mas por ângulos ínfimos, que sempre escaparam à capacidade de detecção dos instrumentos de Hiparco e de todos os astrônomos até muito recentemente. Esse deslocamento das estrelas, chamado *paralaxe*, só foi observado (e medido) pela primeira vez pelo astrônomo alemão Friedrich Wilhelm Bessel (1784–1846) em 1838; e logo em seguida por vários outros astrônomos. Essas descobertas mostraram que as estrelas estão a diferentes distâncias de nós, umas mais longe, outras mais perto. A estrela mais próxima de nós é a estrela Alfa da constelação do Centauro, que é a segunda estrela mais brilhante à esquerda do Cruzeiro do Sul (Figura 15.2). Ela é, na verdade, um sistema triplo, isto é, são três estrelas agrupadas, das quais a mais próxima de nós está a 4,3 anos-luz[1] de distância. Ora, o Sol está a 8,3 minutos-luz da Terra, de sorte que

$$\frac{4,3 \text{ anos-luz}}{8,3 \text{ minutos-luz}} = \frac{4,3 \times 365 \times 24 \times 60}{8,3} = 272.000.$$

Isso mostra que essa estrela está distante de nós 272.000 vezes a distância do Sol à Terra. Assim, se o Sol estivesse a um metro de distância da Terra, a estrela mais próxima estaria a 272 km de distância! E Copérnico pensava que as estrelas estivessem 400 vezes mais longe de nós do que o Sol...

[1]Um "ano-luz"é a distância percorrida pela luz em um ano.

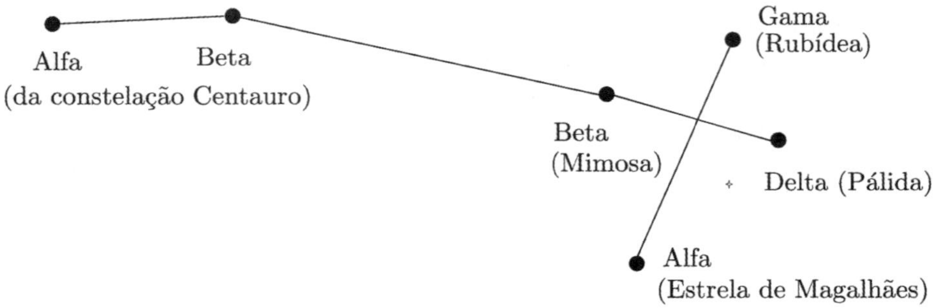

Figura 15.2

15.3 Nicolau Copérnico

O famoso livro de Nicolau Copérnico (1473-1543) sobre a teoria heliocêntrica do sistema solar, intitulado *Sobre as revoluções das esferas celestes*, foi publicado no ano em que morreu esse grande astrônomo. Conta-se que ele teria recebido um exemplar do livro já em seu leito de morte.

Mas essa obra de Copérnico ficou quase completamente esquecida por quase cem anos. E, como explicaremos no próximo capítulo, a aceitação definitiva do sistema heliocêntrico só ocorreria depois do estabelecimento de uma nova Física devida a Galileu (1564–1642), a qual substituiria a antiga Física de Aristóteles. Seja como for, os trabalhos de Tycho Brahe (1546-1601) e Kepler (1571-1630), as observações astronômicas de Galileu e a nova Física estimularam muito o desenvolvimento científico em todas as áreas do conhecimento, desenvolvimento esse que persiste até os dias de hoje. Por causa disso, os historiadores da ciência adotam o ano de 1543 como o do início da ciência moderna.

O livro de Copérnico contém um estudo em que ele procura compatibilizar suas ideias com os dados de observação acumulados pelos astrônomos ao longo de milênios. E nesse arranjo de compatibilização, Copérnico teve de introduzir várias modificações em sua ideia original. Por exemplo, embora o Sol seja considerado fixo, ele não ocupa o centro das órbitas dos planetas, nem esses centros são coincidentes (Figura 15.3). Isso foi necessário porque Copérnico mantinha a ideia de que os planetas eram dotados de velocidade uniforme em suas órbitas, o que não condizia com os dados de observação se as órbitas fossem concêntricas.

Veremos a seguir como Copérnico calculou os períodos de revolução dos planetas e suas distâncias ao Sol, admitindo órbitas circulares centradas no Sol e movimento uniforme dos planetas em suas órbitas.

15.4 Período sideral e período sinódico

Consideremos o planeta Marte, que é um planeta superior, isto é, cuja órbita abarca a órbita da Terra. Sejam T e M as posições da Terra e de Marte, respectivamente, quando ambos se encontram de um mesmo lado do Sol S e com ele alinhados (Figura 15.4). Diz-se, então, que Marte está em *oposição* ao Sol, relativamente à Terra. Quando isso acontece, Marte é visto no zênite à meia-noite; ele nasce quando o Sol se põe e se põe ao nascer do Sol. Por observações feitas, desde a Antiguidade, sabe-se que Marte volta a ficar em oposição a cada 780 dias. Esse é o período de revolução do planeta em torno da Terra, chamado *período sinódico*. O período de revolução do planeta em torno do Sol é chamado *período sideral*. Temos de conhecer este período para podermos calcular a distância de Marte ao Sol, como veremos logo adiante. Observe que todos os cálculos que faremos baseiam-se em proporções simples, portanto, estão ao alcance de alunos de sétima e oitava séries do ensino fundamental.

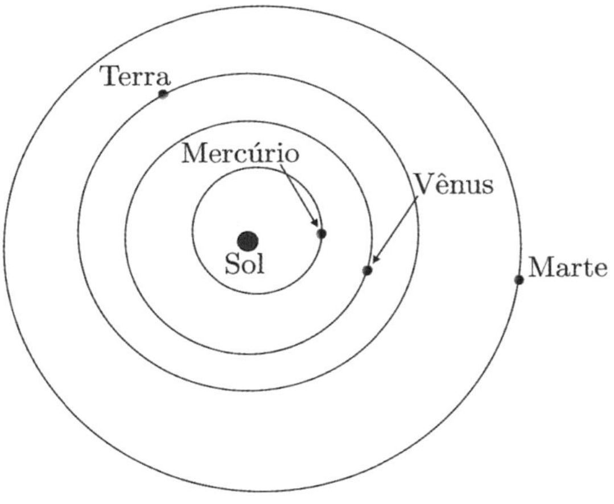

Figura 15.3

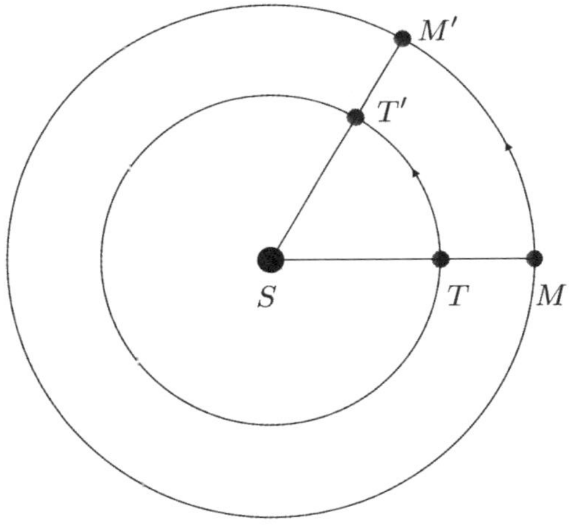

Figura 15.4

Para calcularmos o período sideral de Marte, notemos que a velocidade angular desse planeta é menor que a da Terra — um fato que se constata por observações simples. Então, a partir da oposição de Marte ao Sol, a Terra vai ganhando dianteira sobre Marte e este planeta voltará a ficar novamente em oposição quando a dianteira da Terra sobre ele for de 360°, isto é, uma volta completa. Ora, em 780 dias, que é o tempo que decorre entre duas oposições sucessivas, a Terra terá dado duas voltas em torno do Sol e se deslocado ainda, ao longo de um arco TT' (Figura 15.4), durante os 50 dias restantes (pois

$780 = 2 \times 365 + 50$). Devido à uniformidade do movimento da Terra, teremos

$$\frac{TT'}{50} = \frac{360}{365}, \quad \text{donde} \quad TT' = 49°.$$

Durante os mesmos 780 dias, Marte completou uma volta em torno do Sol, mais o arco $MM' = TT' = 49°$. Então, se P é o período sideral de Marte, teremos

$$\frac{P}{360} = \frac{780}{360 + 49}, \quad \text{donde} \quad P = 687 \text{ dias}.$$

Com esse mesmo raciocínio, Copérnico calculou os períodos siderais dos demais planetas superiores conhecidos em seu tempo, Júpiter e Saturno. Sugerimos que o leitor faça esses cálculos, sabendo que os períodos sinódicos desses planetas são 399 dias e 378 dias, respectivamente. Os períodos siderais correspondentes são, aproximadamente, 11,8 anos e 29,5 anos.

Um raciocínio parecido permite calcular os períodos siderais dos planetas interiores, como veremos mais adiante.

15.5 Distância de Marte ao Sol

O conhecimento do período sideral de um planeta superior é essencial para o cálculo de sua distância ao Sol, como veremos agora no caso de Marte. Imaginemos, como ilustra a Figura 15.5, que Marte em M esteja em oposição, a Terra estando em T e o Sol em S. Observando o planeta Marte sempre à meia-noite a partir dessa oposição, verifica-se que ele vai descendo progressivamente e atingirá o horizonte após 106 dias. Nessa situação, a Terra estará em T', Marte em M' e o ângulo $ST'M'$ será de 90°. Durante esses 106 dias o ângulo α descrito pela Terra é de aproximadamente 105°, como é fácil calcular, pois

$$\frac{\alpha}{106} = \frac{360}{365}.$$

Quanto a Marte, ele terá descrito um ângulo $\beta \approx 56°$, pois

$$\frac{\beta}{106} = \frac{360}{687}.$$

Como consequência, $T'SM' = 105 - 56 = 49°$. Finalmente, o triângulo retângulo $ST'M'$ nos dá:

$$SM' = \frac{ST'}{\cos 49°} \approx \frac{ST'}{0,65606} \approx 1,5\, ST'.$$

Fica assim calculada a distância de Marte ao Sol como 1,5 vezes a distância da Terra ao Sol. Como nós estamos a aproximadamente 149.500.000 km do Sol, a distância aproximada de Marte ao Sol é de 224.250.000 km.

Com o mesmo raciocínio Copérnico calculou as distâncias de Júpiter e Saturno ao Sol. Notamos mais uma vez que os cálculos dessas distâncias dependem do conhecimento dos períodos siderais dos planetas, que são conceitos ligados à teoria heliocêntrica de Copérnico. Essas distâncias, portanto, só podiam ser calculadas pelo próprio Copérnico ou pelos sábios que vieram depois dele. Pode ser que Aristarco as tenha calculado na Antiguidade, mas disso nada sabemos porque muitos de seus escritos se perderam e nos são inteiramente desconhecidos.

15.6 As distâncias de Mercúrio e Vênus ao Sol

Contrariamente ao que se passa com os planetas superiores — Marte, Júpiter e Saturno — o cálculo das distâncias de Mercúrio e Vênus ao Sol é muito simples e não depende de seus períodos siderais. Estes são os planetas inferiores, assim chamados porque suas órbitas são abarcadas pela órbita da Terra (Figura 15.6). Em consequência, o afastamento angular desses planetas em relação ao Sol, dado pelo ângulo STP e chamado *elongação* do planeta P, nunca ultrapassa um certo valor máximo, inferior a 90°. É por isso que Mercúrio e Vênus nunca são visíveis no zênite, por onde eles só podem passar durante o dia. Eles são visíveis ao romper da manhã ou ao cair da noite, já que nunca se afastam muito do Sol.

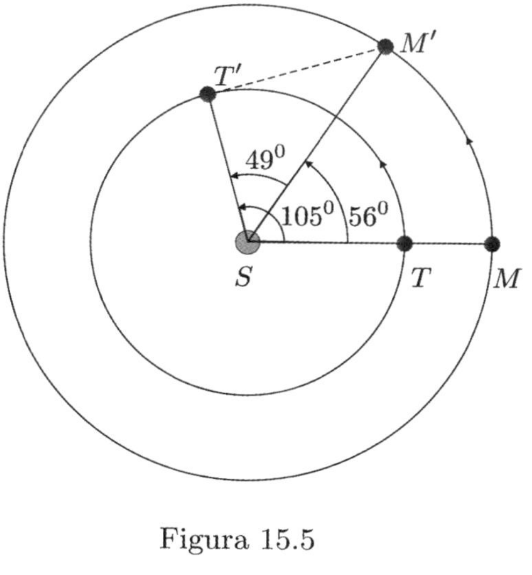

Figura 15.5

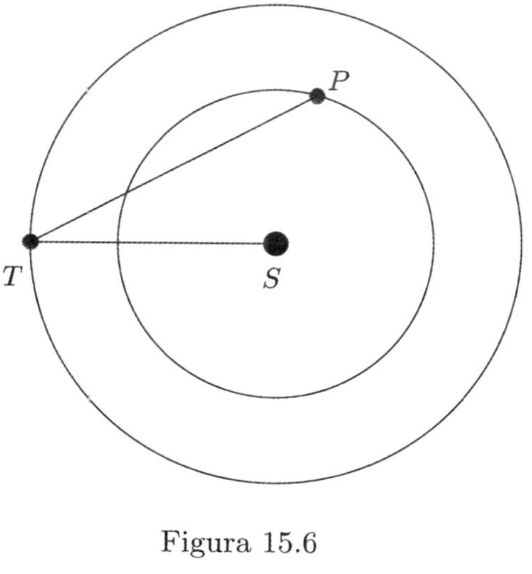

Figura 15.6

Esses dois planetas se situam em extremos opostos, no que diz respeito à visibilidade. Vênus é muito fácil de ser visto, seja como "estrela matutina" ou "estrela vespertina"; ele é o astro mais visível e mais brilhante no céu depois do Sol e da Lua. Mercúrio é diferente: estando muito perto do Sol, não é fácil localizá-lo, já que só será visto quase ao fim da madrugada ou pouco depois do Sol poente, de preferência quando em elongação máxima, que é, em média, de 23°. Quando isso acontece (Figura 15.7), o triângulo STM é retângulo em M, portanto,

$$SM = ST \times \operatorname{sen} 23° \approx 0,39\ ST.$$

Vemos assim que a distância de Mercúrio ao Sol é 0,39 da distância da Terra ao Sol (a qual é 149.500.000 km), ou seja, 58.305.000 km.

O planeta Vênus, por sua vez, tem elongação que atinge valor máximo de 47°. Portanto, sua distância ao Sol é (Figura 15.8)

$$SV = ST \times \operatorname{sen} 47° \approx 0,73\ ST,$$

ou seja, 109.135.000 km.

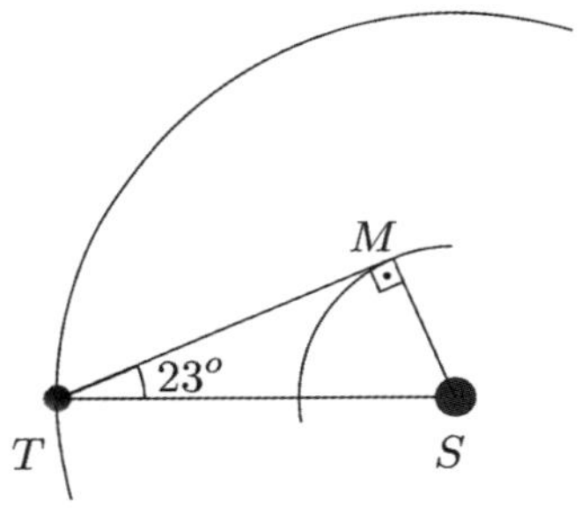

Figura 15.7

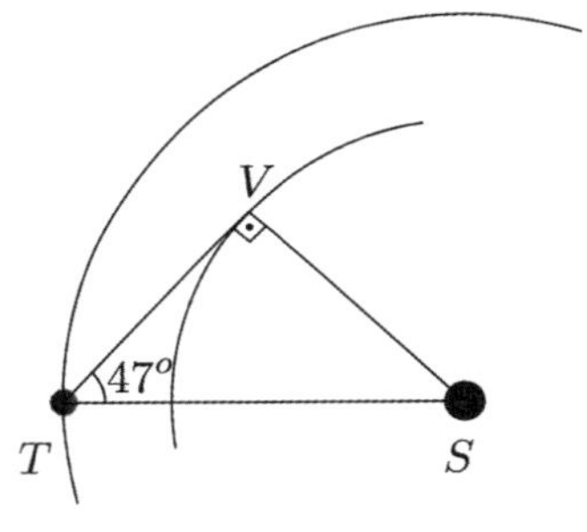

Figura 15.8

15.7 Períodos siderais dos planetas interiores

Veremos agora como calcular o período sideral dos planetas interiores. Consideremos o caso de Mercúrio, inicialmente em elongação máxima a oeste, numa posição M_1 quando a Terra se encontra na posição T_1 (Figura 15.9). Acompanhando o planeta nos dias subsequentes, observa-se que ele atingirá elongação máxima a leste numa posição M_2 quando a Terra estará em T_2. Continuando as observações, Mercúrio voltará novamente a elongação máxima a oeste em M_3 com a Terra em T_3. Esse trânsito de M_1 a M_2 e de M_2 M_3 ocorre num período (aproximado) de 116 dias. Ora, em 116 dias a Terra percorre o arco $T_1T_3 \approx 114°$, pois

$$\frac{T_1T_3}{116} = \frac{360}{365}.$$

E nesses 116 dias Mercúrio descreverá uma volta completa em torno do Sol, mais o arco $M_1M_3 = 114°$, um total de 474°. Se P é o período sideral de Mercúrio, teremos:

$$\frac{P}{360} = \frac{116}{474}, \quad \text{donde} \quad P = 88 \text{ dias.}$$

O procedimento é análogo para Vênus, que tem um período sideral de 225 dias.

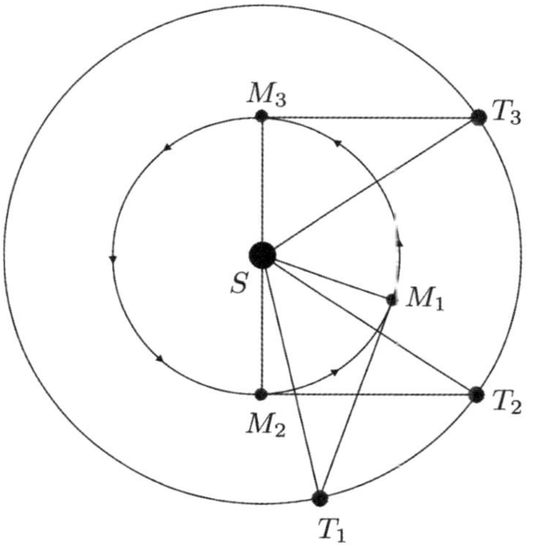

Figura 15.9

15.8 Conclusão

Os cálculos aqui apresentados são uma pequena amostra do trabalho de Copérnico na elaboração de sua teoria heliocêntrica. Usar a teoria para fazer previsões sobre o movimento dos planetas e comparar essas previsões com os dados de observação era o teste necessário para comprovar ou refutar a teoria. Esse teste foi revelando discrepâncias inaceitáveis e exigindo ajustes nas hipóteses. Já mencionamos um desses ajustes, que foi o de deslocar o Sol dos centros das órbitas dos planetas. Mas as modificações, ainda nas mãos de Copérnico, não pararam por aí. Entretanto, as mudanças mais espetaculares viriam com Kepler, começando em 1609, portanto, 76 anos após a morte de Copérnico. Falaremos sobre isso no próximo capítulo.

Capítulo 16

Kepler e a órbita elíptica

16.1 Introdução

Como vimos no capítulo anterior, Copérnico calculou as distâncias dos planetas ao Sol no pressuposto de que eles se deslocassem com velocidades constantes em órbitas circulares centradas no Sol. Mas os dados de observação não confimavam essas suposições, de forma que Copérnico teve de fazer modificações em sua teoria, uma das quais consistia em supor o Sol um pouco deslocado dos centros das órbitas. Mas nem isso foi suficiente; ele teve de ir mais longe, recorrendo mesmo ao principal artifício usado por Ptolomeu (séc. II d.C.) e outros astrônomos da Antiguidade, o *epiciclo*.

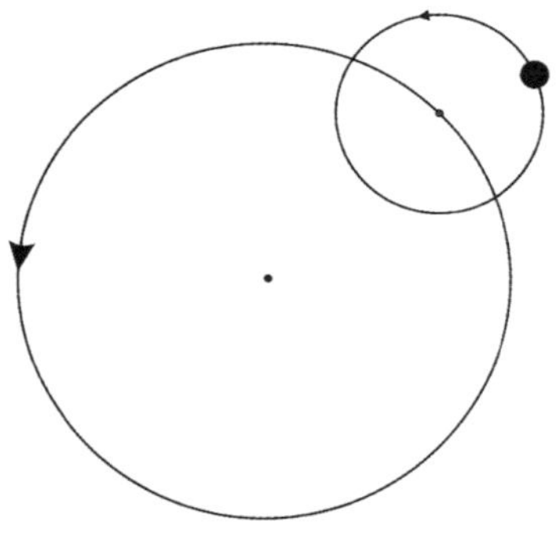

Figura 16.1

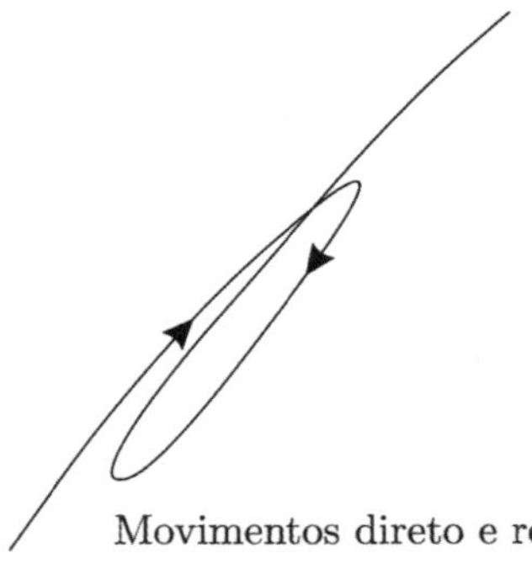

Movimentos direto e retrógrado

Figura 16.2

Como já explicamos na p. 125, o epiciclo é um círculo de raio r centrado na circunferência de outro círculo de raio $R > r$, este último chamado círculo *deferente* (Figura 16.1). Esse arranjo "deferente-epiciclo" foi utilizado por Ptolomeu para explicar o movimento errático dos planetas no meio das estrelas fixas, incrustadas na abóboda celeste. Assim, supondo o planeta em movimento uniforme no epiciclo, e o centro deste em movimento uniforme em volta da Terra, um ajuste conveniente das velocidades e dos raios r e R permitia explicar os movimentos direto e retrógrado dos planetas (Figura 16.2), como se observam nos céus desde a mais alta Antiguidade.

Na tentativa de ajustar sua teoria aos dados de observação, Copérnico acabou incluindo várias dezenas de epiciclos em seu sistema. Era demais! Descaracterizava a ideia simplificadora de um sistema heliocêntrico e representava um forte ponto de identificação com o antigo sistema de Ptolomeu, que se pretendia suplantar. E, do ponto de vista de fazer previsões dos movimentos dos planetas e construir tabelas de utilidade prática, o sistema de Copérnico, como estava, não apresentava vantagens maiores do que o antigo e arraigado sistema geocêntrico de Ptolomeu. Em parte, isso explica por que ele não vingou de imediato. Depois de sua publicação em 1543, ainda iriam decorrer quase 100 anos para que viesse a ser definitivamente aceito na comunidade científica.

É importante lembrar também que os dados de observação e as tabelas astronômicas existentes no tempo de Copérnico deixavam muito a desejar do ponto de vista da precisão. O próprio Copérnico fez muito poucas observações durante toda sua vida[1], e as que fez não tinham o grau de precisão das que se fizeram na Antiguidade. Ele utilizava e confiava nos dados fornecidos pelos tratados antigos, sobretudo o *Almagesto* de Ptolomeu. Essa insuficiência de dados precisos era uma das dificuldades maiores para se decidir qual dos dois modelos planetários correspondia à realidade. E quem compreendeu bem o problema e empenhou toda uma vida para superar essas dificuldades foi o dinamarquês Tycho Brahe, de quem falaremos a seguir.

16.2 Tycho Brahe

De linhagem nobre, Tycho Brahe (1546–1601) tornou-se um apaixonado da Astronomia aos 14 anos de idade, quando observou um eclipse do Sol. Ao que parece, o que mais o impressionou nesse episódio não foi tanto o fenômeno em si, mas sua *previsibilidade*. A possibilidade de prever o curso futuro dos astros a partir de certas hipóteses, dados de observação e cálculos matemáticos, exerceu tamanho fascínio sobre o jovem Tycho que, a partir de então, e por toda sua vida, ele iria dedicar-se integralmente à Astronomia.

Um segundo acontecimento marcante na vida do jovem astrônomo ocorreu na noite de 17 de agosto de 1563, quando ele contava 17 anos de idade. Observando os céus, ele notou que os planetas Júpiter e Saturno estavam praticamente coin-

[1] Acredita-se que ele nunca tenha observado o planeta Mercúrio, que não é mesmo fácil de ser visto, dada sua proximidade do Sol.

cidentes. Consultando, porém, as tabelas em uso na época, tanto as chamadas "tabelas Alfonsinas" como as de Copérnico, verificou, para sua decepção, que elas continham imprecisões grosseiras sobre esse evento. E a causa disso eram as observações imprecisas em que se baseavam. Essa foi a grande descoberta que fez o nobre dinamarquês: a Astronomia estava carente de dados de observação que fossem confiáveis. E ele estava decidido a fazer o que fosse preciso para mudar esse estado de coisas: construir instrumentos adequados e desenvolver métodos precisos de observação dos astros.

Dos 17 aos 26 anos de idade, Tycho estudou em várias universidades europeias, viajou, conheceu astrônomos, adquiriu vários instrumentos de observação e construiu muitos outros, maiores e cada vez mais precisos.

Um terceiro acontecimento na vida de Tycho Brahe, decisivo para espalhar sua fama de grande astrônomo, foi o aparecimento de uma nova estrela nos céus no dia 11 de novembro de 1572. Por cerca de um mês essa estrela brilhou mais do que o planeta Vênus (Estrela Dalva ou Estrela Vésper) até que, a partir de dezembro começou a perder gradualmente seu brilho, desaparecendo por completo em março de 1574[2].

Ora, nessa época era ainda generalizada a crença de que na esfera das estrelas fixas, onde imperava a perfeição divina, tudo era imutável *ad aeternum*. Só na Terra, onde vivemos, e em sua proximidade, a chamada *região sublunar*, é que podiam ocorrer movimentos e transformações. Cumpria, pois, provar que o novo fenômeno situava-se nesta região; e só havia uma maneira de fazê-lo: mostrando que a nova estrela se deslocava entre as estrelas fixas.

Astrônomos de toda a Europa lançaram-se avidamente na tarefa de observar o novo astro que surgira nos céus, procurando detectar seu deslocamento entre as estrelas fixas. Era chegada "a hora e a vez de Tycho Brahe". Ele acabara de construir um novo sextante, cujos braços mediam quase dois metros de comprimento! E que se articulavam com precisão num eixo de bronze que não permitia folga. O arco do instrumento possuía uma escala graduada, não apenas em graus, mas também em minutos de graus! No dizer de um seu biógrafo (Koestler, *The Sleepwalkers*[3], p. 289), "era como possuir um moderno canhão, em comparação com os estilingues de seus colegas". Ninguém mais, senão Tycho, tinha condições de garantir que o novo astro estava realmente parado em meio às estrelas fixas. E foi esse o seu veredito, implacável e irrefutável, diante da detalhada narrativa que fez, de seus instrumentos e observações, em seu primeiro livro *De Nova Stella*.

Tycho Brahe sempre contou com o irrestrito apoio do rei Frederico II da Dina-

[2]Estrelas com esse comportamento são hoje conhecidas como *Nova*. Elas são estrelas que explodem, aumentando temporariamente seu brilho, para, em seguida, se contraírem.

[3]Este livro foi traduzido para o português pela Editora Ibrasa, sob o título *O homem e o universo*. O autor, Arthur Koestler, descreve, em linguagem não técnica, as vidas e as obras de vários astrônomos, dentre eles Copérnico, Tycho Brahe e Kepler.

marca. Mas era excêntrico e arrogante, qualidades essas ampliadas pelo orgulho de sua fama. Em 1575 ameaçou transferir-se para a Basiléia, e o rei tudo fez para impedir que isso acontecesse. Ofereceu-lhe o castelo que quisesse para se instalar com toda sua parafernália: e ele recusou! Ofereceu-lhe então a ilha de Huen, no canal que separa a Dinamarca da Suécia, para que ali construísse o observatório de seus sonhos, casa para morar, oficinas, fábrica de papel, impressora, tudo às custas do reino! E mais: com jurisdição sobre a ilha e seus moradores, e direito aos lucros sobre tudo o que ali se produzisse. Só um louco poderia recusar semelhante proposta!

Tycho Brahe aparece nesse mural em meio a seus instrumentos, na companhia de seus assistentes e de seu inseparável cão. Ele desenvolveu a técnica, ilustrada na figura e até hoje usada, de observar a passagem (ou "trânsito") de um astro pelo meridiano, medindo a altitude do astro no instante do trânsito.

Tycho Brahe era excêntrico, arrogante e autoritário; porém, não teve a insensatez de recusar a generosa oferta de seu rei. Na ilha de Huen construiu seu "Uraniburgo", ou "Castelo dos Céus". Ali passou os 20 anos seguintes de sua vida coletando o mais rico acervo de observações astronômicas até então conseguido.

A importância dessas observações torna-se evidente pelos seguintes fatos:

eram observações de alta precisão, o que de melhor se poderia conseguir sem auxílio de instrumentos ópticos (que só começaram a aparecer a partir de 1609 com Galileu). Tycho fez um levantamento completo das coordenadas de mais de 700 estrelas fixas. As observações dos planetas, da Lua e do Sol, que são os corpos celestes que se deslocam entre as estrelas fixas, foram efetuadas *continuamente, dia após dia,* ao longo de duas décadas, o que nunca acontecera antes.

De posse dessa riqueza de dados, Tycho Brahe podia concluir com segurança que o sistema heliocêntrico, tal qual exposto por Copérnico, era insustentável. Exigia modificações. E ele tinha uma proposta nesse sentido, com os planetas, exceto a Terra, girando em torno do Sol; e este, por sua vez, girando em torno da Terra, arrastando consigo todos os demais planetas. Era, como se vê, um sistema híbrido, uma esdrúxula combinação de geocentrismo e heliocentrismo. Não vingaria.

Frederico II morreu em 1588. Seu sucessor, Cristiano IV, não se mostrou tão tolerante com o extravagante Tycho, que governava a ilha de Huen como verdadeiro tirano, maltratando seus súditos, aprisionando-os injustamente e até mesmo desobedecendo a decisões judiciais. Embora indiretamente, o cerco foi-se fechando ao redor de Tycho, cujo temperamento arrogante, aliado à recusa de corrigir seus excessos, levaram-no a abandonar a Dinamarca em 1597. Por dois anos seguidos ele vagou por diferentes lugares da Europa, levando consigo seus manuscritos, instrumentos, familiares, criados e assistentes, até que, em junho de 1599 fixou residência no castelo de Benatek, próximo à cidade de Praga, como "Matemático Imperial" do imperador Rodolfo II da Boêmia. Essa mudança para Praga aproximava Tycho Brahe da personagem principal da nossa história, de quem falaremos a seguir.

16.3 Johannes Kepler

Ao contrário de Tycho Brahe, Johannes Kepler (1571–1630) era pobre, de saúde precária, tímido, e teve uma infância infeliz. Nasceu no sudoeste da Alemanha, em Weil-der-Stadt, um lugarejo situado a 30 km a oeste de Stüttgart, a capital de Würtenberg. Kepler viveu numa época em que os países da Europa se digladiavam numa série interminável de disputas e guerras religiosas, quando perseguições e massacres os mais cruéis eram praticados tanto por católicos como protestantes. Luteranos convertidos, os duques de Würtenberg acabaram criando em seus domínios um eficiente e moderno sistema educacional, instrumento eficaz na formação de clérigos eruditos e competentes, tão necessários nas controvérsias religiosas que grassavam por toda parte.

O ambiente familiar do menino Kepler era bastante adverso. Não seriam seus pais que iriam bem cuidar de seus estudos, mas o Estado, cujo sistema educacional localizava e encaminhava os meninos inteligentes. Se pobres, como era o caso de Kepler, não lhes faltavam bolsas que os dotavam dos meios necessários para se dedicarem ao trabalho escolar sem preocupações. Foi assim que Kepler, cuja brilhante inteligência revelou-se precocemente, embarcou numa carreira de estudos que o levaria da escola elementar ao seminário e deste à universidade.

Aos 23 anos de idade, quando ainda estudante de Teologia em Tübingen, Kepler foi indicado para preencher o posto vago de Professor de Astronomia e Matemática na universidade protestante de Gratz, na Áustria. De início ele hesitou: não tinha planos de ser astrônomo, não se considerava matemático e não queria abandonar seus estudos de Teologia. Mas acabou aceitando a proposta, com a condição de permanecer em Gratz apenas por certo tempo, devendo logo retomar seus estudos de Teologia em Tübingen.

Monumento a Tycho Brahe e Johannes Kepler num subúrbio da cidade de Praga, capital da República Checa.

Talvez por não ser bom didata, em seu segundo ano em Gratz, Kepler já não tinha mais alunos de Matemática e era obrigado a lecionar Retórica e Literatura Latina para justificar seu salário. Mesmo no final de seu primeiro ano, já estava desesperado para retornar a Tübingen. Mas não haveria retrocessos: os acontecimentos se sucederiam por caminhos novos e inesperados.

Kepler tornara-se adepto do sistema de Copérnico quando ainda estudante em Tübingen. Mas o que o enveredou definitivamente para a Astronomia foi uma idéia em si sem nenhuma importância, que lhe ocorreu no curso de uma de suas aulas em 1595. Os planetas então conhecidos eram seis: Mercúrio, Vênus, Terra, Marte, Júpiter e Saturno. (Urano, Netuno e Plutão só seriam descobertos muito mais tarde.) Por que exatamente "seis" planetas? indagava Kepler. Essa questão lhe remoía a mente, até que naquela aula de 1595 lhe ocorreu a "resposta", que ele sempre considerou o maior achado de sua vida. Seis planetas significavam cinco espaços entre os possíveis pares de planetas consecutivos. Ora, cinco eram os possíveis poliedros regulares ou poliedros de Platão (veja a RPM 3, págs. 7 e 8). Portanto, pensava Kepler, entre as esferas de dois planetas consecutivos devia encaixar-se um poliedro regular, circunscrito a uma esfera e inscrito na outra (RPM 3, págs. 8 e 9). Foi essa idéia bizarra o tema do primeiro livro do jovem astrônomo, intituladoo *Mysterium Cosmographicum*, que foi publicado em Tübingen em 1596.

Monumento a Kepler em frente à casa onde ele nasceu, em Weil-der-Stadt.

Tycho Brahe, como vimos, era exímio observador. Mas não tinha competência matemática para trabalhar os dados de suas observações. Quando recebeu e examinou o livro de Kepler, logo reconheceu em seu autor um talento matemático singular, que ele, Tycho, não possuía, e de que necessitava para ajudá-lo a aperfeiçoar sua nova teoria planetária. Kepler, por seu lado, nunca teria sido capaz de fazer boas observações dos astros, pois tinha visão deficiente. Ele precisava conhecer os dados precisos de observação de Tycho para aperfeiçoar a teoria exposta em seu livro. Eles trocaram correspondência por cerca de dois anos, e decerto perceberam o quanto cada um necessitava do outro. Foram esses interesses mútuos que acabaram fazendo de Kepler um assistente de Tycho Brahe em Benatek a partir de fevereiro de 1600.

Tycho Brahe morreu em outubro de 1601, sem que o sistema planetário de seus sonhos pudesse ser concluído. Seus últimos dias foram de muito sofrimento, entremeados de delírios agonizantes. Nos momentos de lucidez ele dizia sempre que esperava não ter vivido em vão. E a Kepler deixou a recomendação de terminar o trabalho matemático que estabelecesse o sistema planetário tychoniano. Kepler, por sua vez, esperava servir-se do legado de Tycho em seu próprio benefício, para aperfeiçoar sua estranha teoria cósmica. O destino, todavia, não ia permitir nem uma coisa nem outra.

16.4 Astronomia Nova

Com a morte de Tycho Brahe, Kepler foi logo nomeado seu sucessor no posto de Matemático Imperial, onde permaneceu até a morte de Rodolfo II em 1612. Nos seis primeiros anos de sua permanência em Benatek, ele descobriu suas duas primeiras leis planetárias, que aparecem no seu segundo livro, publicado em 1609 sob o título de *Astronomia Nova.* Seu trabalho foi intenso e árduo, envolvendo séries intermináveis de longos e laboriosos cálculos, procurando acertar hipóteses que frequentemente levavam a conclusões falsas e exigiam recomeçar tudo de novo. As dificuldades vinham de preconceitos antigos. Desde Aristóteles firmara-se a convicção de que os corpos celestes, dada sua perfeição, só podiam mover-se em círculos, pois eram essas as únicas órbitas "perfeitas"; e moviam-se com velocidade uniforme, pois uma variação na velocidade seria uma imperfeição. Presos a esses "dogmas", os astrônomos tinham de recorrer a artifícios geométricos para explicar os movimentos observados nos céus. O arranjo "deferente-epiciclo" era apenas um desses artifícios. Em seus intermináveis cálculos e tentativas de ajustar teoria à realidade, Kepler foi abandonando esses artifícios e finalmente os dogmas da órbita circular e do movimento uniforme. Este último caiu primeiro quando, já num estágio avançado de seu trabalho, Kepler decidiu calcular as órbitas da Terra e de Marte, como explicaremos a seguir.

16.5 As órbitas da Terra e de Marte

Desde sua chegada a Benatek, Kepler concentrou-se no planeta Marte. E por uma razão muito simples: sendo o primeiro dos planetas exteriores, ele demora menos tempo para retornar à posição inicial que os outros planetas exteriores[4], facilitando seu estudo. Ele é também aquele cuja órbita é mais elíptica e que, portanto, mais difere de um círculo. Isso foi, de início, um desafio para Tycho e seu assistente Longomontanus (1562–1647), que acabou desistindo de Marte, entregando-o a Kepler logo que este chegou a Benatek. A dificuldade foi providencial para a descoberta da órbita elíptica.

Kepler calculou várias distâncias da Terra ao Sol com o engenhoso procedimento de considerar sucessivas posições da Terra a partir de uma oposição de Marte e nos sucessivos retornos de Marte à posição inicial M (Figura 16.3). Inicialmente Marte encontra-se em oposição em M, a Terra em T_0 e o Sol em S. Depois de um período sideral de Marte (687 dias, como vimos na p. 132), Marte volta à posição M, enquanto a Terra, em T_1, ainda não completou sua segunda volta. No segundo retorno de Marte a M, a Terra estará em T_2; e assim sucessivamente.

---

[4]Isso é consequência da terceira lei de Kepler, como veremos adiante.

Kepler podia calcular os ângulos MST_1, $MST_2, \ldots$, a partir do conhecimento das posições do Sol na eclíptica, ou seja, a partir das posições do Sol entre as estrelas fixas ao longo do ano; e Tycho lhe havia deixado tabelas dessas posições. Igualmente, os ângulos MT_1S, $MT_2S, \ldots$, podiam ser calculados a partir dos dados das tabelas deixadas por Tycho. Assim, utilizando a distância SM como unidade de comprimento, os triângulos SMT_1, $SMT_2, \ldots$, ficavam completamente determinados a partir do conhecimento dos ângulos e do lado SM, o que permitia calcular as distâncias ST_1, $ST_2, \ldots$, em termos da distância SM. Dessa maneira Kepler calculou várias distâncias da Terra ao Sol, concluindo que a órbita da Terra era um círculo, com o Sol localizado um pouco fora de seu centro, como indica a Figura 16.4, onde S representa o Sol e C o centro da órbita terrestre. Para a distância CS Kepler encontrou o ínfimo valor de $1/59$ do raio da órbita. Isso significa que, num círculo de $5,9$ cm de raio, a distância CS é de apenas 1 mm!... Portanto, essa distância na Figura 16.4, embora possa não aparentar, está exageradamente grande para que C e S não se confundam.

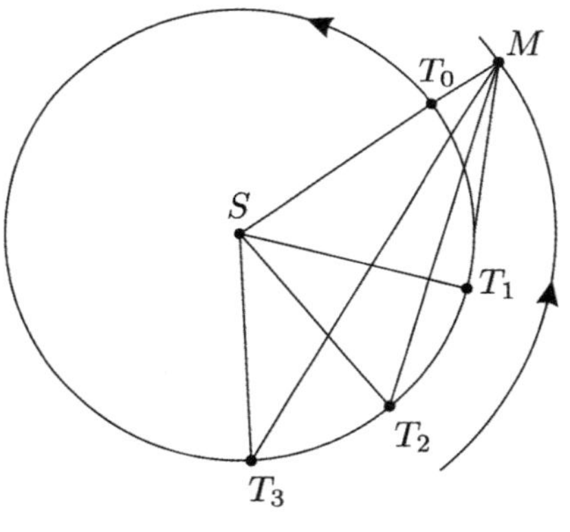

Figura 16.3

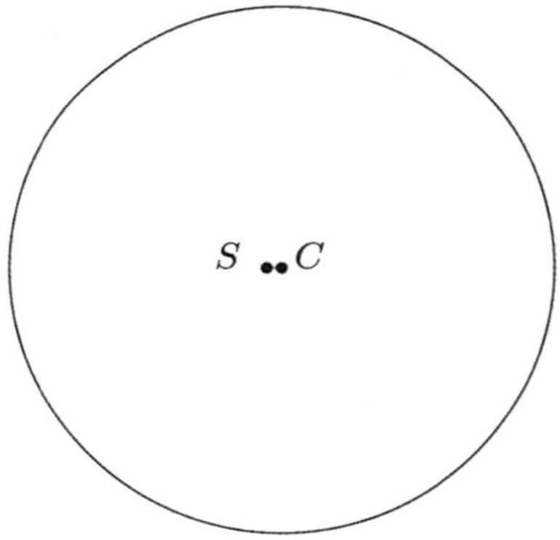

Figura 16.4

Kepler notou que a Terra se deslocava com velocidade não uniforme, mais depressa quanto mais perto estivesse do Sol e mais devagar quanto mais longe. Ele construiu uma tabela do movimento da Terra, com as posições diárias do planeta.

Em seguida, Kepler passou a estudar a órbita de Marte, usando agora seu conhecimento das distâncias da Terra ao Sol. Seu procedimento aqui não é menos engenhoso que no estudo anterior da órbita da Terra. Ele resolve novamente triângulos como SMT_1 (Figura 16.3), mas dessa vez para achar a distância SM em termos da distância ST_1 da Terra ao Sol. E esse procedimento é repetido em várias oposições de Marte, SMT_1, $SM'T_1', \ldots$, (Figura 16.5). Em cada uma dessas situações é preciso resolver um triângulo (como SMT_1, $SM'T_1', \ldots$) para encontrar as distâncias de Marte ao Sol, SM, SM', ... em termos das distâncias conhecidas da Terra ao Sol, ST_1, ST_1', ... Tudo isso foi possível porque os dados necessários a esses cálculos estavam lá nas tabelas de Tycho Brahe!

Realizados esses cálculos, Kepler pôde verificar que a órbita de Marte não podia ser circular, ela mais se parecia com uma oval. Mas que oval seria essa? Novamente aqui várias tentativas foram feitas, num trabalho árduo e cansativo, até que ele acabou acertando na elipse, com o Sol em um dos focos.

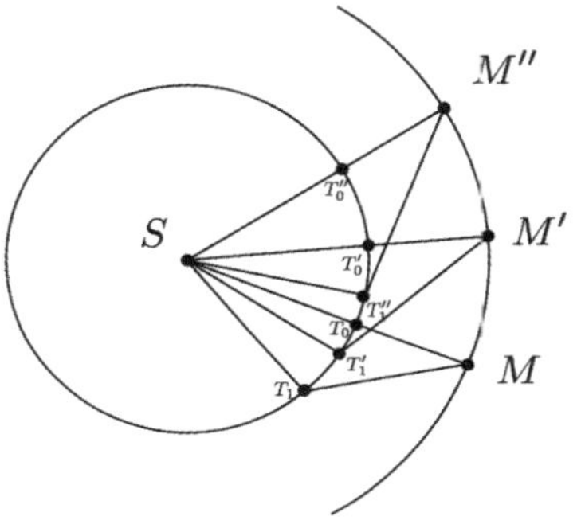

Figura 16.5

16.6 A elipse

A elipse é uma curva notável, que merece aqui um destaque especial. Ela é uma das (três) seções cônicas — elipse, hipérbole e parábola. Ao que parece, quem primeiro estudou essas curvas foi um matemático chamado Menecmo (aprox. 375–325 a.C.), tutor de Alexandre Magno[5]. Mas quem lhes deu um tratamento completo e geral foi Apolônio (aprox. 262–190 a.C.), conhecido como "o Grande Geômetra". Seu livro *Seções cônicas* é um tratado geométrico monumental sobre as cônicas. Esse livro, os *Elementos de Euclides* e as obras de Arquimedes constituem o suprassumo da Matemática grega.

Vamos nos restringir aqui somente à elipse, que pode ser definida como interseção de um plano por um cone ou cilindro circulares (Figura 16.6). Ela é também caracterizada por sua propriedade focal, que diz que *no plano da elipse existem dois pontos F e F', chamados focos, tais que é constante a soma $PF + PF'$, onde P é um ponto genérico da elipse.*

Essa propriedade é conhecida desde Apolônio (e talvez mesmo antes dele), e foi por ele demonstrada; mas em 1822 o matemático belga Germinal Pierre Dandelin

[5]Dele se conta a história de que Alexandre lhe pediu um modo fácil de aprender Geometria, ao que ele teria respondido: Ó Rei, para viajar pelo país há estradas reais e estradas para os cidadãos comuns; mas em Geometria só existe um caminho para todos.

Figura 16.6

(1794–1847) deu-lhe uma bela demonstração, com uma excelente visualização geométrica, que vamos reproduzir agora no caso do cilindro. Para isso consideremos um cilindro cortado por um plano π que determina a elipse (Figura 16.7). Duas esferas de diâmetros iguais ao do cilindro são nele introduzidas de modo a tangenciar o plano π nos pontos F e F'. Observe que as esferas tangenciam o cilindro em círculos paralelos. Seja P um ponto qualquer da elipse. A geratriz do cilindro que passa por P tangencia as esferas nos pontos A e B, respectivamente, localizados nos círculos mencionados. Como os círculos são paralelos, o segmento AB tem comprimento constante, à medida que P varia na elipse. Repare que os segmentos PB e PF têm o mesmo comprimento, pois ambos tangenciam a mesma esfera a partir do mesmo ponto P. Do mesmo modo, $PA = PF'$. Então,

$$PF + PF' = PA + PB = AB = \text{const.},$$

o que conclui a demonstração de Dandelin.

Os mesmos passos dessa demonstração podem ser repetidos no caso do cone (Figura 16.8). Aconselhamos o leitor a fazer essa repetição como exercício para verificar que entendeu bem a demonstração anterior.

Consideremos agora uma elipse com semi-eixos a e b, sendo $a > b$. Seja c a distância de cada foco ao centro da elipse (Figura 16.9). É facil verificar que a, b e c estão assim relacionados: $a^2 = b^2 + c^2$. A *excentricidade* e da elipse, por sua vez, é definida por $e = c/a$. Temos então

$$e = \frac{c}{a} = \frac{\sqrt{a^2 - b^2}}{a} = \sqrt{1 - (b/a)^2}$$

e

$$b = \sqrt{a^2 - c^2} = a\sqrt{1 - (c/a)^2} = a\sqrt{1 - e^2}.$$

A primeira dessas relações mostra que a excentricidade varia entre zero e 1. Pela segunda relação vemos que a elipse é tanto mais achatada quanto maior

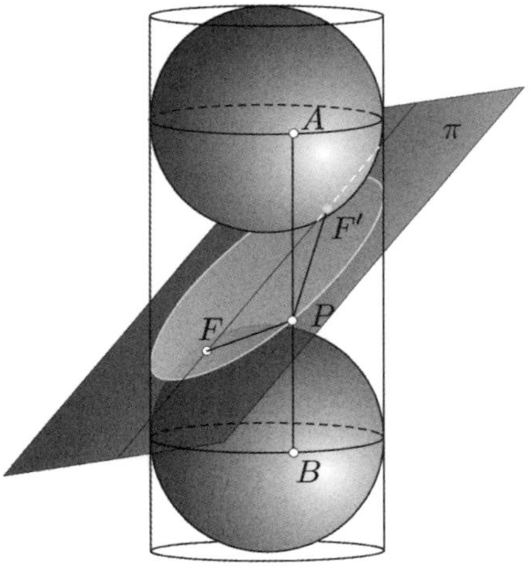

Figura 16.7

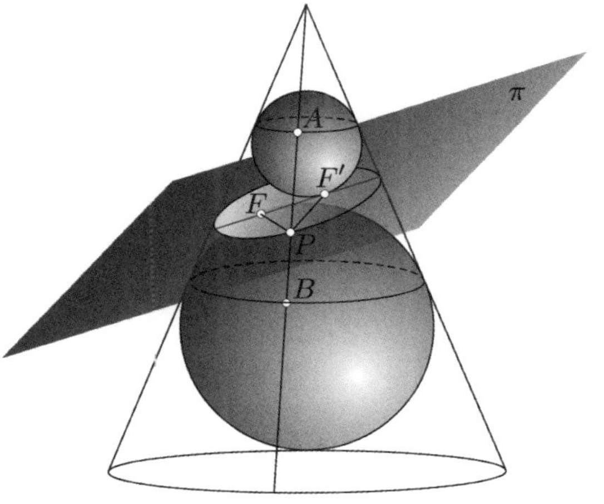

Figura 16.8

sua excentricidade; e é tanto mais parecida com um círculo quanto menor a excentricidade.

Kepler verificou que a órbita de Marte era uma elipse de excentricidade $e \approx 0,093$. Isso nos dá, pela segunda das relações anteriores, $b \approx 0,99a$. Assim, se desenharmos a órbita de Marte com semieixo maior igual a 10 cm, o semieixo menor será $b \approx$ 9,9 cm = 99 mm, ou seja, apenas 1 mm a menos que o semieixo maior. Isso mostra que é impossível perceber visualmente que a órbita de Marte não é circular! Não houvesse outra razão, esta já nos bastaria para admirarmos a façanha de Kepler ao descobrir que a órbita de Marte é elíptica.

16.7 As leis de Kepler

Kepler estendeu a todos os planetas do sistema solar a lei da órbita elíptica, que descobrira para o planeta Marte, a qual ficou conhecida como sua primeira lei, que assim se enuncia:

1ª lei: Cada planeta descreve uma órbita elíptica, da qual o Sol ocupa um dos focos.

Antes mesmo de descobrir essa lei, Kepler encontrara outra regularidade interessante no movimento dos planetas. Como vimos anteriormente, ele havia constatado que a velocidade da Terra era variável e que o Sol estava afastado do centro da órbita. Depois de muitas tentativas, erros e recuos, ele acabou acertando na lei correta, também generalizada para todos os planetas. Conhecida como

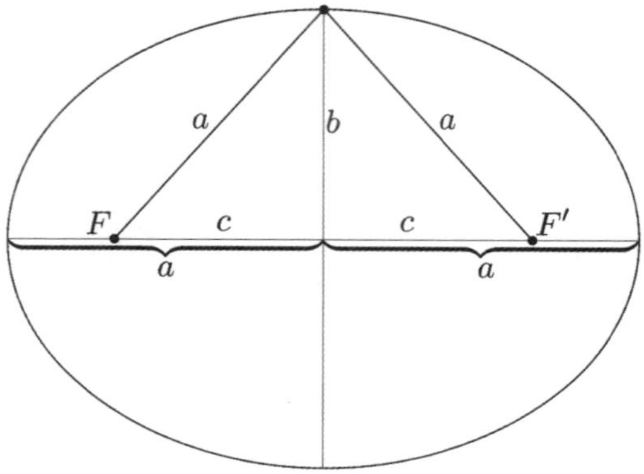

Figura 16.9

sua segunda lei, ela tem o seguinte enunciado:

2ª lei: Os raios vetores que unem um planeta ao Sol varrem áreas iguais em tempos iguais.

Com referência à Figura 16.10, isto significa que se o planeta vai de A até B no mesmo tempo em que vai de C até D, então as áreas SAB e SCD são iguais.

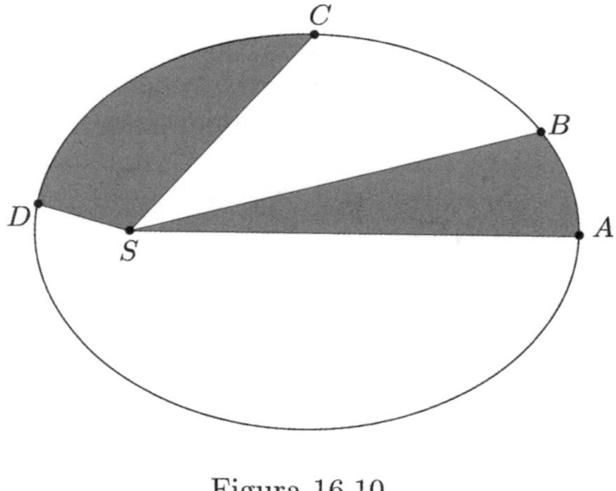

Figura 16.10

Essas duas primeiras leis de Kepler aparecem no seu livro *Astronomia Nova.* A terceira lei aparece em um outro livro de Kepler, intitulado *Harmonice Mundi* e publicado em 1619. Seu enunciado é o seguinte:

3ª Lei: Os quadrados dos tempos gastos pelos planetas em suas revoluções em torno do Sol são proporcionais aos cubos semi eixos maiores de suas órbitas.

Essa lei significa que se T é o período sideral de um planeta e R o semi eixo maior de sua órbita, então a relação T^2/R^3 é a mesma para todos os planetas. Uma consequência imediata dessa lei é que quanto maior for R — ou seja, quanto mais afastado o planeta estiver do Sol — tanto maior será T — ou seja, maior também deve ser sua distância ao Sol.

16.8 Kepler, Galileu e Newton

É interessante notar que, por muitas décadas, as três leis de Kepler permaneceram como que num limbo, sem que ninguém se apercebesse de sua importância. O próprio Kepler, já no fim de sua vida, julgava que seu trabalho mais significativo fosse aquela construção antiga do *Mysterium Cosmographicum.* E Galileu também, embora delas tivesse conhecimento, não percebeu sua verdadeira importância. Seu grande feito foi a nova Física do movimento, que substituía a antiga e muito arraigada Física de Aristóteles. Com a nova Física ficava removido o último entrave para a aceitação do sistema heliocêntrico. Mas caberia a Newton (1642–1772) redescobrir no emaranhado dos escritos de Kepler suas três leis e nelas identificar os fundamentos da Mecânica Celeste, sintetizados em sua Lei da Gravitação Universal. Mas isso só aconteceu por volta de 1665 ou mesmo mais tarde. E nesse tempo o sistema de Copérnico já estava definitivamente aceito na comunidade científica.

16.9 Mês lunar e mês sideral

Logo adiante daremos duas aplicações interessantes da terceira lei de Kepler aos satélites artificiais. Mas, para desenvolver essas aplicações vamos necessitar do mês sideral. Portanto, vamos primeiro explicar o que isso significa e calcular esse mês ou período sideral da Lua.

É bem sabido que o mês lunar tem aproximadamente 29,5 dias, que é o tempo gasto pela Lua para voltar a repetir suas várias fases. Esse *mês lunar* é observado notando a ocorrência de duas luas cheias consecutivas, talvez porque a lua cheia chama mais a atenção que as outras três fases da Lua.

Sim, mas embora seja comumente sabido que o mês lunar dura 29,5 dias, pouquíssimas pessoas sabem que, além desse mês lunar, há um outro, o *mês sideral.* Para bem entender isso, repare a Figura 16.11, em que representamos o movimento de translação da Terra em volta do Sol e o da Lua em torno da Terra. O tempo que a Lua leva para dar uma volta completa (de 360°) em torno da Terra, indo de L a L', chama-se *mês sideral.* Nesse tempo, a Terra desloca-se em sua órbita de um ângulo α_0, indo de T a T'. Mas repare bem: embora a posição L seja uma lua cheia, L' não é! É necessário esperar um pouco mais, até que a Lua atinja a posição L'', para termos nova lua cheia.

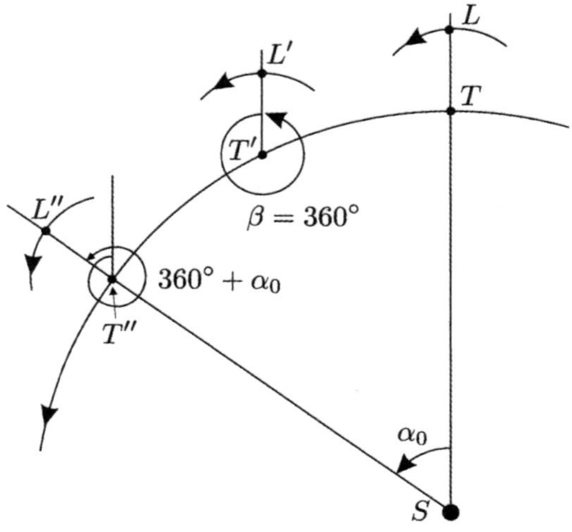

Figura 16.11

16.10 Calculando o mês sideral

Para calcular o mês sideral começamos observando que o ângulo α de deslocamento da Terra em sua órbita, contado a partir da posição T (Figura 16.11) é proporcional ao número D de dias decorridos. Ora, $\alpha = 360°$ depois de um ano, quando $D = 365,25$ dias; e $\alpha = \alpha_0$ graus depois de 29,5 dias, quando a Terra está em T'' e a Lua em L''. Então, o ângulo α pode ser calculado por uma regra de três simples:

$$\frac{\alpha_0}{29,5} = \frac{360}{365,25}, \quad \text{donde} \quad \alpha_0 = \frac{29,5 \times 360}{365,25} \approx 29,076°.$$

Por outro lado, o número de dias é também proporcional ao ângulo β descrito pela Lua em sua órbita. Ora, em D dias, representando um mês sideral, a Lua descreve um ângulo $\beta = 360°$ em sua órbita; e em 29,5 dias ela descreve o ângulo $\beta = 360 + \beta_0$ graus, como ilustra a Figura 17.1. Temos, assim, a proporção

$$\frac{D}{360} = \frac{29,5}{360 + \alpha_0}, \quad \text{donde} \quad D = \frac{360 \times 29,5}{360 + \alpha_0} \approx 27,3.$$

Portanto, o mês sideral da Lua é de aproximadamente 27,3 dias.

16.11 Aplicações a satélites artificiais

A terceira lei de Kepler tem interessantes aplicações na relação entre o período de um satélite artificial e sua distância ao centro da Terra. Devemos observar que, embora a lei tenha sido formulada para o sistema solar, ela é válida também para satélites em volta de um planeta, como é o caso da Lua e os satélites artificiais em volta da Terra. Vamos ilustrar isso com duas aplicações formuladas na forma de problemas.

Problema 1. *Calcular o período de revolução de um satélite artificial, em órbita circular, a uma altura de 200 km, sabendo-se que, aproximadamente, o raio da Terra é* $R_0 = 6.400$ *km, o mês sideral da Lua é* $T_L = 27,3$ *dias e a distância da Terra à Lua é* $D_L = 60$ *vezes o raio da Terra.*

Seja T o período do satélite e $R = R_0 + 200 \approx 6400 + 200 = 6.600$ km o raio de sua órbita. Como

$$\frac{T^2}{R^3} = \frac{T_L^2}{D_L^3},$$

temos

$$T^2 = \frac{R^3 \times T_L^2}{D_L^3} \approx \frac{6600^3 \times 27,3^2}{(60 \times 6400)^3} = 27,3^2\left(\frac{11}{640}\right)^3,$$

donde

$$T \approx 27,3\left(\frac{11}{640}\right)^{3/2} \text{ dias}.$$

Fazendo os cálculos e convertendo em horas e minutos obtemos $T \approx 1$ hora e 29 minutos.

Problema 2. *Calcular a altitude de um satélite geoestacionário, isto é, como se estivesse parado no céu, ou seja, com período de revolução de 24 horas, acompanhando a Terra em seu movimento diário.*

Utilizando os dados do problema anterior e denotando com R o raio da órbita do satélite, pela $3^{\underline{a}}$ lei de Kepler podemos escrever:

$$\frac{1^2}{R^3} \approx \frac{27,3^2}{(60 \times 6400)^3},$$

donde obtemos $R \approx 42.400$ km. Mas esse é o raio da órbita do satélite; para obter sua altitude devemos subtrair o raio da Terra, o que nos dá uma altitude de aproximadamente 36.400 km.

O leitor deve notar que T só depende de R na 3ª lei de Kepler. Em particular, T independe da massa do satélite. Portanto, não importa que massa tenha o satélite, se ele estiver a uma dada distância do centro da Terra, seu período de revolução estará completamente determinado. E, em particular, esse período será tanto maior, quanto mais afastado da Terra estiver o satélite.

Por simplicidade, nos dois problemas anteriores as órbitas dos satélites foram consideradas circulares. Mas isso é a exceção, não a regra.

Capítulo 17

Séries infinitas

17.1 Introdução

Neste capítulo faremos uma apresentação simples de certas séries infinitas, um tópico muito interessante e pouco conhecido de professores e estudantes do ensino médio. Particularmente interessantes são certas propriedades da chamada "série harmônica", que aparece na parte final do capítulo.

17.2 Um primeiro exemplo

A ideia de "série infinita" ocorre na Matemática quando imaginamos a operação de somar parcelas sucessivamente sem que essa operação termine após um número finito de parcelas somadas. Uma das séries infinitas mais simples é a seguinte:

$$\frac{1}{2}+\frac{1}{4}+\frac{1}{8}+\frac{1}{16}+\frac{1}{32}+\frac{1}{64}+\dots,$$

em que cada termo é a metade do termo anterior. Para obter sua soma raciocinamos da seguinte maneira, utilizando a representação das somas parciais ao longo de um segmento de comprimento unitário, a extremidade da esquerda correspondendo ao zero e a da direita ao número 1 (Figura 17.1). Começamos marcando $1/2$ no ponto médio desse segmento. Adicionando $1/4$ obtemos o número $1/2+1/4=3/4$, que corresponde ao ponto médio do segmento que vai de $1/2$ a 1; adicionando $1/8$, obtemos a soma parcial

$$\frac{1}{2}+\frac{1}{4}+\frac{1}{8}=\frac{3}{4}+\frac{1}{8}=\frac{7}{8},$$

que corresponde ao ponto médio do segmento que vai de 3/4 a 1; adicionando 1/16, obtemos a soma parcial

$$\frac{1}{2}+\frac{1}{4}+\frac{1}{8}+\frac{1}{16}=\frac{7}{8}+\frac{15}{16}=\frac{1}{16},$$

que corresponde ao ponto médio do segmento que vai de 7/8 a 1; e assim por diante. Vemos que a cada passo somamos à última soma parcial uma fração que corresponde à metade do que falta a essa soma parcial para chegar ao número 1. Fica claro então que a soma da série infinita deve ser 1, de sorte que podemos escrever:

$$\frac{1}{2}+\frac{1}{4}+\frac{1}{8}+\frac{1}{16}+\frac{1}{32}+\frac{1}{64}+\ldots=1,$$

ou ainda, acrescentando um termo inicial igual a 1,

$$1+\frac{1}{2}+\frac{1}{4}+\frac{1}{8}+\frac{1}{16}+\frac{1}{32}+\frac{1}{64}+\ldots=2, \qquad (1)$$

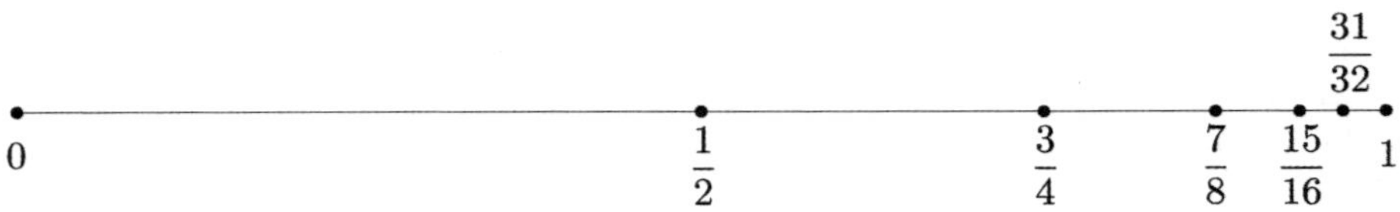

Figura 17.1

17.3 A série geométrica

Esta última série nada mais é do que uma progressão geométrica infinita do tipo

$$1+q+q^2+q^3+q^4+\ldots, \qquad (2)$$

com $q = 1/2$. Vamos supor que a razão q nessa *série geométrica* seja um número entre zero e 1. Então, os termos sucessivos da série, q, q^2, q^3, q^4 etc., vão-se tornando cada vez menores, de forma que a cada passo estaremos somando cada vez menos. Isso faz crer que a soma infinita (2) tenha de fato um valor finito, como em (1) acima. Para comprovar isso, começamos lembrando a fórmula da soma de uma progressão geométrica de razão q, já vista na p. 49:

$$S_n = 1+q+q^2+q^3+\ldots+q^n = \frac{1-q^{n+1}}{1-q} = \frac{1}{1-q} - \frac{q^{n+1}}{1-q} \qquad (3)$$

Veja: como $0 < q < 1$, o último termo que aí aparece vai ficando arbitrariamente próximo de zero à medida que n cresce acima de qualquer valor (dizemos que n

está "tendendo a infinito"), pois é isso o que acontece com o numerador q^{n+1}. Por exemplo, no caso (1) acima, $q = 1/2$ e $q^{n+1} = 1/2^{n+1}$ está tendendo a zero com n tendendo a infinito. Portanto, fazendo n tender a infinito em (3), e denotando com S a soma infinita (2), obtemos

$$S = 1 + q + q^2 + q^3 + q^4 + \ldots = \frac{1}{1-q}. \tag{4}$$

Fazendo $q = 1/2$ nesta expressão, obtemos o resultado (1), pois

$$\frac{1}{1-q} = \frac{1}{1-1/2} = 2.$$

17.4 Um pouco de história

A primeira ocorrência de uma série infinita de que se tem notícia encontra-se num trabalho de Arquimedes em que ele calcula a área da parábola. Nesse cálculo, ele tem de lidar com uma série geométrica de razão 1/4, como veremos no próximo capítulo.

Depois disso, as séries infinitas só voltaram a aparecer na Matemática cerca de 1500 anos mais tarde, no século XIV. Nessa época, havia um grupo de matemáticos na Universidade de Oxford que estudava a cinemática, ou fenômeno do movimento; e, ao que parece, foi esse estudo que levou à reconsideração das séries infinitas.

Ao lado dos pesquisadores de Oxford, havia também pesquisadores em outros centros universitários. Na Universidade de Paris, em particular, havia um professor chamado Nicole Oresme (1325-1382), um destacado intelectual em vários ramos do conhecimento, como Filosofia, Matemática, Astronomia, Ciências Físicas e Naturais. Além de professor universitário, Oresme era conselheiro do rei, principalmente na área de finanças públicas; e nessa função revelou-se um homem de larga visão, recomendando medidas monetárias que tiveram grande sucesso na prática. Em recompensa pelos serviços prestados ao governo, Oresme foi nomeado bispo de Lisieux.

Oresme mantinha contato com o grupo de pesquisadores de Oxford e contribuiu na investigação de várias das séries estudadas nessa época. Uma dessas séries é a seguinte:

$$S = \frac{1}{2} + \frac{2}{4} + \frac{3}{8} + \ldots + \frac{n}{2^n} + \ldots$$

Veja: para explicitar a lei de formação dos termos da série, escrevemos o termo genérico $n/2^n$. A notação do somatório facilita e abrevia esse trabalho. Essa notação utiliza a letra (maiúscula) grega Σ para significar "soma". Assim, quando escrevemos

$$S = \sum_{n=1}^{\infty} \frac{n}{2^n},$$

isso significa: somar os termos $n/2^n$ para todos os valores inteiros positivos de n, de 1 a ∞. Assim, fazendo $n = 1$ obtemos $1/2^1 = 1/2$; fazendo $n = 2$ obtemos $2/2^2 = 2/4$; fazendo $n = 3$ obtemos $3/2^3 = 3/8$; e assim por diante.

Essa série foi considerada, por volta de 1350, por Richard Suiseth (meados do século XIV), um dos matemáticos de Oxford. Ela surge a propósito de um movimento que se desenvolve durante o intervalo de tempo [0, 1] da seguinte maneira: a velocidade permanece constante e igual a 1 durante a primeira metade do intervalo, de zero a 1/2 (veja a Figura 17.2, onde o tempo é representado no eixo horizontal e as velocidades no eixo vertical): dobra de valor no segundo subintervalo (de duração 1/4), triplica no terceiro subintervalo (de duração 1/8), quadruplica no quarto subintervalo (de duração 1/16) etc. Como se vê, a soma da série assim construída é a soma dos produtos da velocidade pelo tempo em cada um dos sucessivos subintervalos de tempo e representa o espaço total percorrido pelo móvel.

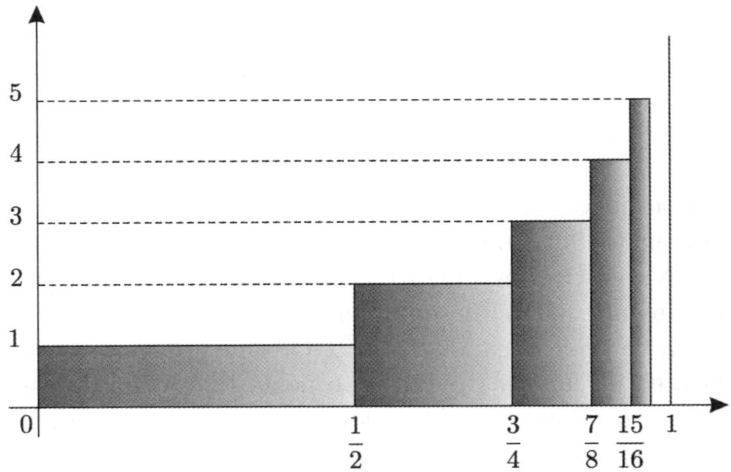

Figura 17.2

17.5 Somando a série de Suiseth

Suiseth achou o valor 2 para a soma por meio de um longo e complicado argumento verbal. Mais tarde Oresme deu uma explicação geométrica bastante interessante para a soma da série. Observe que essa soma é igual à área da figura formada com uma infinidade de retângulos verticais, como ilustra a Figura 17.2. O raciocínio de Suiseth, combinado com a interpretação geométrica de Oresme, se traduz simplesmente no seguinte: a soma das áreas desses retângulos verticais é igual à soma das áreas dos retângulos horizontais da Figura 17.3. Ora, isso é o mesmo que substituir o movimento original por uma sucessão infinita de movimentos, todos com velocidade igual a 1: o primeiro no intervalo de tempo [0, 1]; o segundo no intervalo de tempo [1/2, 1]; o terceiro no intervalo [3/4, 1]; e assim por diante. Vê-se assim que o espaço percorrido (soma das áreas dos retângulos da Figura 17.3) é agora dado pela soma da série geométrica

$$S = 1 + \frac{1}{2} + \frac{1}{4} + \frac{1}{8} + \ldots = \sum_{n=0}^{\infty} \frac{1}{2^n}.$$

Isso permite obter a soma da série original, pois sabemos somar os termos de uma série geométrica pela fórmula (4), que dá para essa última série o valor 2. Assim, obtemos a soma da série original:

$$S = \sum_{n=1}^{\infty} \frac{n}{2^n} = \frac{1}{2} + \frac{2}{4} + \frac{3}{8} + \ldots + \frac{n}{2^n} + \ldots = 2.$$

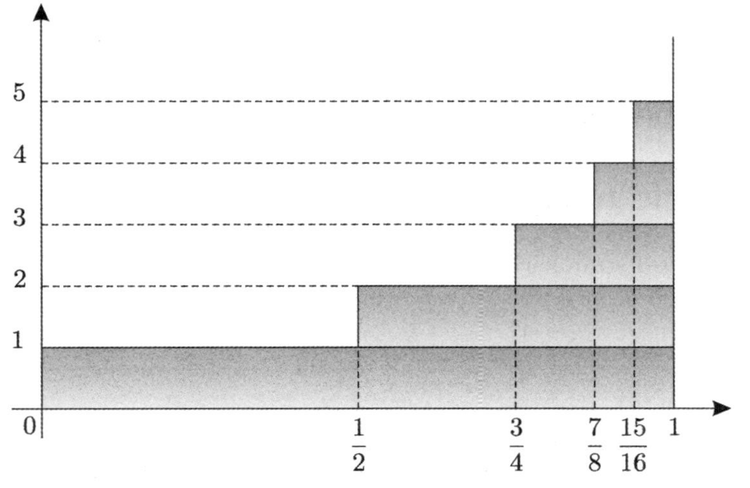

Figura 17.3

Hoje em dia, com a notação do somatório, a maneira natural de somar a série de Suiseth é esta:

$$S = \sum_{n=1}^{\infty} \frac{n}{2^n} = \sum_{n=1}^{\infty} \frac{1 + (n-1)}{2^n} = \sum_{n=1}^{\infty} \frac{1}{2^n} + \sum_{n=2}^{\infty} \frac{n-1}{2^n}$$

$$= 1 + \sum_{n=2}^{\infty} \frac{n-1}{2^n} = 1 + \frac{1}{2} \sum_{n=2}^{\infty} \frac{n-1}{2^{n-1}} = 1 + \frac{1}{2} \sum_{n=1}^{\infty} \frac{j}{2^j} = 1 + \frac{S}{2}.$$

O primeiro e o último membro dessas igualdades nos dá a equação $S = 1 + S/2$, cuja solução é $S = 2$.

Um dos trabalhos mais notáveis de Oresme sobre as séries infinitas está ligado à série harmônica, de que falaremos logo adiante. Antes, porém, temos de explicar o que significa dizer que uma série é convergente ou divergente.

17.6 Séries divergentes

As séries de que falamos até agora têm todas elas soma finita; elas são chamadas de *séries convergentes.* Mas é fácil imaginar séries que não sejam convergentes. Por exemplo, é claro que as séries

$$1 + 2 + 3 + 4 + 5 + \ldots, \quad 2 + 4 + 6 + 8 + \ldots, \quad 1 + 2 + 1 + 2 + 1 + 2 + \ldots,$$

não são convergentes; elas são ditas *divergentes.* Um exemplo menos trivial de série divergente é dado por

$$\frac{1}{2} + \frac{2}{3} + \frac{3}{4} + \frac{4}{5} + \ldots + \frac{n}{n+1} + \ldots$$

Para ver que essa série diverge, basta notar que todos os seus termos, a partir do segundo, são maiores do que $1/2$.

17.7 A série harmônica

A série harmônica é uma série muito simples, dada por

$$\sum_{n=1}^{\infty} \frac{1}{n} = 1 + \frac{1}{2} + \frac{1}{3} + \frac{1}{4} + \frac{1}{5} + \ldots$$

Como se vê, os termos da série harmônica estão decrescendo para zero, como acontece no caso da série geométrica (4) com $0 < q < 1$. Aliás, isso acontece também em todas as séries convergentes (como se demonstra). Mas será que quando o termo geral de uma série tende a zero, ela converge? Se for assim — e à primeira vista parece que é — então a série harmônica deve ser convergente.

Vamos investigar. Após a soma de um grande número de termos, quando chegarmos a $n = 10^{20}$, $n = 10^{30}$, $n = 10^{100}$ etc., estaremos somando tão pouco que teremos a impressão de que a soma de todos os termos da série infinita realmente é um número finito. Aliás, hoje em dia, com a ajuda do computador, podemos até fazer cálculos experimentais interessantes.

Vamos supor que fôssemos capazes de somar cada termo da série em um segundo de tempo. Como um ano tem aproximadamente

$$365,25 \times 24 \times 60 \times 60 = 31.557.600 \text{ segundos},$$

nesse período de tempo seríamos capazes de somar a série até $n = 31.557.600$, obtendo para a soma um valor pouco superior a 17; em 10 anos a soma chegaria a pouco mais de 20; em 100 anos, a pouco mais de 22. Como se vê, somas parciais de termos da série harmônica jamais nos levariam a suspeitar que ela diverge. Pelo contrário, essas somas só nos levam a pensar que a série seja convergente.

Isso, todavia, é falso! Embora surpreendente, esse resultado pode ser facilmente demonstrado. Para isso, agrupamos os termos da série assim:

$$1 + \frac{1}{2} + \frac{1}{3} + \frac{1}{4} + \frac{1}{5} + \ldots$$

$$= 1 + \frac{1}{2} + \left(\frac{1}{3} + \frac{1}{4}\right) + \left(\frac{1}{5} + \frac{1}{6} + \frac{1}{7} + \frac{1}{8}\right) + \left(\frac{1}{9} + \frac{1}{10} + \ldots + \frac{1}{16}\right) + \ldots$$

Observe agora que a soma dentro de cada parênteses é sempre maior do que $1/2$. Veja:

$$\frac{1}{3} + \frac{1}{4} > \frac{1}{4} + \frac{1}{4} = \frac{1}{2};$$

$$\frac{1}{5} + \frac{1}{6} + \frac{1}{7} + \frac{1}{8} > \frac{1}{8} + \frac{1}{8} + \frac{1}{8} + \frac{1}{8} = \frac{1}{2};$$

$$\frac{1}{9} + \frac{1}{10} + \ldots + \frac{1}{16} > \frac{1}{16} + \frac{1}{16} + \ldots + \frac{1}{16} = \frac{1}{2}$$

e assim por diante. Então,

$$\sum_{n=1}^{\infty} \frac{1}{n} = 1 + \frac{1}{2} + \frac{1}{3} + \frac{1}{4} + \frac{1}{5} + \ldots > 1 + \frac{1}{2} + \frac{1}{2} + \frac{1}{2} + \ldots = \infty,$$

o que prova que a série é mesmo divergente.

A demonstração de que a série harmônica diverge, feita pela primeira vez por Oresme, mostra como é decisivo o papel do raciocínio lógico para estabelecer uma verdade que jamais seria descoberta de outra maneira. De fato, como vimos acima, mesmo somando os termos da série durante um século (se isso fosse possível) não chegaríamos a um resultado que nos desse qualquer indício de que a série seria divergente...

Para terminar, vamos fazer mais um exercício de imaginação. Hoje em dia, temos computadores muito rápidos, e a tecnologia está produzindo máquinas cada vez mais rápidas. Mas isso tem um limite, pois, como sabemos, nenhum sinal físico pode ser transmitido com velocidade superior à da luz. Portanto, nenhum computador poderá efetuar uma soma em tempo inferior a 10^{-23} segundos, que é o tempo gasto pela luz para percorrer distância igual ao diâmetro de um elétron. Pois bem, com tal computador, em um ano, mil anos e um bilhão de anos, respectivamente, poderíamos somar termos em números iguais a

$$315.576 \times 10^{25}, \quad 315.576 \times 10^{28} \quad \text{e} \quad 315.576 \times 10^{34}.$$

E veja os resultados aproximados que obteríamos para a soma da série harmônica, em cada um desses casos, respectivamente:

$$70,804, \quad 77,718 \quad \text{e} \quad 91,5273.$$

Imagine, finalmente, que esse computador estivesse ligado desde a origem do universo, há 16 bilhões de anos. Ele estaria hoje obtendo o valor aproximado de 94,2999 para soma da série harmônica, um número ainda muito pequeno...

O leitor tem toda razão de perguntar: como se chega ao número 94,299, se o (idealizado) computador mais rápido que se possa construir deveria ficar ligado durante 16 bilhões de anos?

Sim, não há como fazer essa soma, mas existem métodos que permitem substituir a soma S_n dos n primeiros termos da série por uma expressão matemática que aproxima S_n e que pode ser calculada numericamente; e os matemáticos sabem disso há mais de 300 anos!... O leitor curioso e que tenha algum conhecimento de Cálculo Integral pode ver a explicação desses métodos em nosso artigo "A série harmônica e a fórmula de Euler-MacLaurin", na Revista *Matemática Universitária* 19, Dezembro de 1995.

17.8 Por que o nome "série harmônica"?

Para explicar o nome "série harmônica" temos, primeiro, de entender o que é "média harmônica" de dois números. Vejamos a definição: chama-se *média harmônica de dois números ao inverso da média aritmética de seus inversos.*

Pois bem, o nome "série harmônica" provém do fato de que o termo genérico dessa série (que é $1/n$) é igual à média harmônica de seu antecessor imediato $1/(n-1)$ e seu sucessor imediato $1/(n+1)$. De fato, aplicando a definição anterior, tomamos os inversos desses últimos dois números, quais sejam, $n-1$ e $n+1$; e formamos a média aritmética deles:

$$\frac{(n-1)+(n+1)}{2} = n.$$

Ora, o inverso disto é exatamente $1/n$, que é o termo genérico da série harmônica.

Mas aí vem naturalmente a pergunta: donde surgiu essa definição esdrúxula de média harmônica? Não sabemos ao certo se isso se originou com Pitágoras ou se foi um conceito que lhe veio do Egito ou da Babilônia. O certo é que a média harmônica aparece na consideração dos tons de um monocórdio. Para explicar isso, consideremos três diferentes tons sonoros de um monocórdio, o primeiro produzido quando a corda é esticada com todo o seu comprimento, que consideramos unitário; e dois outros tons, um com a corda reduzida à sua metade (a oitava) e o outro com $2/3$ do comprimento da corda (a quinta). Acontece que $2/3$ é exatamente a média harmônica de 1 e $1/2$, de sorte que a frequência da quinta é a média harmônica das outras duas frequências. A palavra "harmônica" tem a ver com a harmonicidade do som intermediário relativamente aos outros dois.

Capítulo 18

Ainda as séries infinitas

18.1 Somas infinitas

O presente capítulo é uma complementação do anterior sobre as séries infinitas. Essas séries aparecem no ensino médio, no estudo de progressões geométricas, como vimos no capítulo anterior, quando a razão de tais progressões é, em módulo, inferior a 1. Mas elas surgem mais cedo ainda, no estudo das dízimas periódicas no ensino fundamental, embora isso nem sequer seja percebido. Veja:

$$0,777\ldots = 7 \times 0,111\ldots = 7\Big(\frac{1}{10} + \frac{1}{100} + \frac{1}{1000} + \ldots\Big)$$

$$= 7\Big(\frac{1}{10} + \frac{1}{10^2} + \frac{1}{10^3} + \ldots\Big) = 7\Big(\frac{1}{1 - 1/10} - 1\Big) = 7\Big(\frac{10}{9} - 1\Big) = \frac{7}{9}.$$

Acontece que no ensino dessas dízimas, nem é preciso recorrer às séries infinitas, pode-se usar o seguinte procedimento:

$$x = 0,777\ldots \Rightarrow 10x = 7,777\ldots = 7 + x \Rightarrow 9x = 7 \Rightarrow x = \frac{7}{9}.$$

Voltando às séries infinitas, o que significa "soma infinita"? Como somar um número após outro, após outro, e assim por diante, indefinidamente? Num primeiro contato com séries infinitas — particularmente séries de termos positivos, como no capítulo anterior — a ideia ingênua e não crítica de soma infinita não costuma perturbar o estudante. Porém, encarar somas infinitas nos mesmos termos das somas finitas acaba levando a dificuldades sérias, ou mesmo a conclusões irreconciliáveis, como bem ilustra um exemplo simples, dado pela chamada "série de Grandi":

$$S = 1 - 1 + 1 - 1 + 1 - 1 + \ldots$$

Essa série tanto parece ser igual a zero como igual a 1, dependendo de como a encaramos. Veja:

$$S = 1 - 1 + 1 - 1 + 1 - 1 + \ldots = (1 - 1) + (1 - 1) + (1 - 1) + \ldots = 0.$$

Mas podemos também escrever:

$$S = 1 - 1 + 1 - 1 + 1 - 1 + \ldots = 1 - (1 - 1) - (1 - 1) - (1 - 1) - \ldots = 1.$$

E veja o que ainda podemos fazer:

$$S = 1 - 1 + 1 - 1 + 1 - 1 + \ldots = 1 - (1 - 1 + 1 - 1 + \ldots) = 1 - S,$$

donde a equação $S = 1 - S$, que nos dá $S = 1/2$.

Como decidir então? Afinal, S é zero, 1 ou 1/2?

Uma das dificuldades com somas infinitas é de natureza prática, pois cada parcela que somamos exige um certo tempo; e mesmo que consigamos somar cada parcela num tempo muito pequeno, a soma de parcela após parcela, indefinidamente, acabará exigindo um tempo arbitrariamente longo, uma impossibilidade, já que nossas vidas são finitas.

Uma dificuldade mais séria está na raiz da própria concepção de adição, que significa somar números uns após outros, sucessivamente. Essa é uma ideia concebida para uma quantidade finita de números a somar. Ao aplicá-la a somas infinitas, por mais que somemos, sempre haverá parcelas a somar; portanto, o processo de somas sucessivas não termina. Em consequência, não serve para definir a soma de uma infinidade de números.

Os matemáticos têm consciência das dificuldades com as séries infinitas há mais de dois milênios. Como dissemos no capítulo anterior, a primeira soma infinita que aparece na Matemática ocorre num trabalho de Arquimedes, em que ele calcula a área de um segmento de parábola. Falaremos disso em seguida.

18.2 Arquimedes e a série geométrica

Para explicar o aparecimento de uma série geométrica num dos trabalhos de Arquimedes, vamos considerar o cálculo que ele faz da área de um segmento de parábola, delimitado por um arco parabólico AB e um segmento retilíneo AB (Figura 18.1). O procedimento é o seguinte: pelo ponto médio de AB, traça-se uma reta paralela ao eixo da parábola, que vai encontrar a parábola em C, resultando no triângulo ACB. A seguir, repete-se o processo nos trechos AC e CB da parábola, resultando nos triângulos ADC e CEB. O passo seguinte é repetir o mesmo processo nos trechos AD, DC, CE e EB da parábola, o que resultará em quatro novos triângulos. Esse procedimento continua indefinidamente, cada etapa resultando em um número de triângulos igual ao dobro dos triângulos da etapa precedente. Assim, começando com o triângulo ABC, obtemos primeiro dois novos triângulos, depois quatro, depois oito, 16, 32, 64 etc.

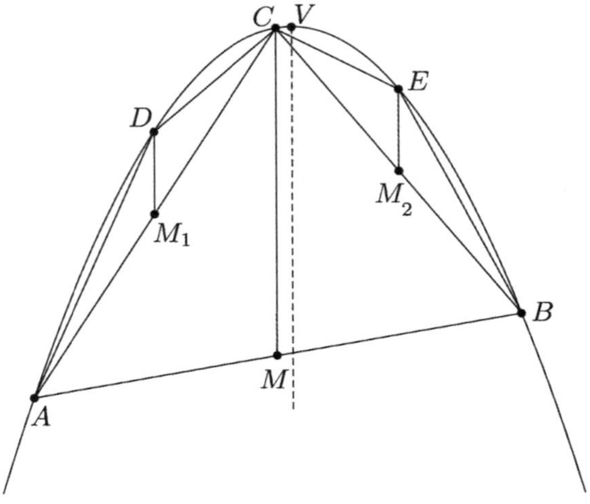

Figura 18.1

A ideia é obter a área da parábola como soma das áreas de todos esses triângulos. Para isso, Arquimedes prova que a soma das áreas dos triângulos obtidos em cada etapa do processo é igual a 1/4 da soma das áreas dos triângulos obtidos na etapa anterior. Assim, a soma a_1 das áreas dos dois triângulos ADC e CEB é 1/4 da área S_0 do triângulo original ABC ($a_1 = S_0/4$); a soma a_2 das áreas dos quatro triângulos da etapa seguinte será 1/4 da soma das áreas dos triângulos ADC e CEB ($a_2 = a_1/4$); e assim por diante, indefinidamente. Desse modo, sendo S a área procurada, e a_n a soma das áreas dos 2^n triângulos da n–ésima etapa, teremos:

$$\begin{aligned} S &= S_0 + a_1 + a_2 + a_3 + \ldots + a_n + \ldots \\ &= \left(1 + \frac{1}{4} + \frac{1}{4^2} + \frac{1}{4^3} + \ldots\right) S_0 = \frac{S_0}{1 - 1/4} = \frac{4S_0}{3}, \end{aligned}$$

isto é, $S = 4S_0/3$, ou seja, *a área do segmento de parábola é 4/3 da área do triângulo nele inscrito.*

18.3 Uma ideia genial

O procedimento anterior, que pode nos parecer bastante natural hoje, não satisfazia as exigências de rigor da Matemática no tempo de Arquimedes. Depois do que vimos no Capítulo 12 sobre o livro conhecido como *O método*, é quase certo que Arquimedes tenha adotado o procedimento anterior apenas para descobrir o resultado da soma que procurava calcular. Uma vez feita essa descoberta, ele procedia a encontrar meios de fazer uma demonstração rigorosa, como explicaremos a seguir. Para bem entender o raciocínio de Arquimedes, consideremos a soma finita

$$S_n = S_0 + a_1 + a_2 + a_3 + \ldots + a_n.$$

Como $a_n = a_{n-1}/4$, ou $4a_n = a_{n-1}$, temos que

$$a_n + \frac{a_n}{3} = \frac{4a_n}{3} = \frac{a_{n-1}}{3}.$$

Então,

$$S_n + \frac{a_n}{3} = (S_0 + a_1 + a_2 + a_3 + \ldots + a_{n-1}) + \left(a_n + \frac{a_n}{3}\right)$$

$$= (S_0 + a_1 + a_2 + a_3 + \ldots + a_{n-1}) + \frac{a_{n-1}}{3},$$

isto é,

$$S_n + \frac{a_n}{3} = S_{n-1} + \frac{a_{n-1}}{3}.$$

Se substituirmos o índice n por $n-1$, depois por $n-2$ etc., obteremos:

$$S_n + \frac{a_n}{3} = S_{n-1} + \frac{a_{n-1}}{3} = S_{n-2} + \frac{a_{n-2}}{3} = \ldots = S_0 + \frac{S_0}{3},$$

isto é,

$$S_n + \frac{a_n}{3} = S_0 + \frac{S_0}{3} = \frac{4S_0}{3}.$$

Para nós, hoje, bastaria agora fazer n tender a infinito; com isso, S_n tenderia a S e a_n tenderia a zero, com o que obteríamos o resultado desejado: $S = 4S_0/3$. Mas aí estaríamos lidando com o infinito! Como já dissemos, os matemáticos gregos — Arquimedes, em particular — evitavam o infinito a todo custo. Por isso, em vez de usar um processo infinito, Arquimedes procede a demonstrar que a área do segmento de parábola não pode ser nem maior nem menor do que $4S_0/3$[1]; e conclui, então, que deve ser igual a esse número. Esse procedimento é chamado "método de dupla redução ao absurdo".

[1] O leitor pode encontrar essa demonstração na p. 41 de nosso artigo na Revista *Matemática Universitária*, Nº 4.

18.4 O conceito de soma infinita

Hoje em dia, o conceito de soma infinita é formulado de maneira a evitar um envolvimento direto com a soma de uma infinidade de parcelas. Assim, dada uma série infinita

$$a_1 + a_2 + a_3 + \ldots + a_n + \ldots,$$

formamos a soma finita

$$S_n = a_1 + a_2 + a_3 + \ldots + a_n;$$

e dizemos que o número S é a soma da série, isto é,

$$S = a_1 + a_2 + a_3 + \ldots + a_n + \ldots,$$

se a diferença $|S - S_n|$ puder ser feita menor do que qualquer número positivo, desde que se faça n suficientemente grande. Em linguagem mais precisa, isso quer dizer o seguinte: dado qualquer número $e > 0$, existe um índice N tal que, para $n > N$ é verdade que $|S - S_n| < e$.

Quando uma série admite uma soma S, ela se diz *convergente*. Séries como a de Grandi não são convergentes, isto é, não admitem somas.

Esse procedimento moderno no trato com as séries é parecido com o de Arquimedes, pois não somamos uma infinidade de parcelas. As somas S_n são finitas, já que n é finito. Elas são valores aproximados do que chamamos "soma" da série. O que a definição nos diz é que o erro que se comete ao se tomar S_n em lugar de S pode ser feito tão pequeno quanto quisermos, desde que façamos n suficientemente grande.

18.5 O rigor grego

Os matemáticos gregos, desde pelo menos o século IV a. C., primavam pelo rigor das apresentações e evitavam o infinito como possível fonte de dificuldades lógicas. A origem dessa preocupação com o rigor está ligada à primeira grande crise de fundamentos, originada com a descoberta das "grandezas incomensuráveis", ainda no tempo dos pitagóricos, uma crise que foi resolvida de maneira muito engenhosa por Eudoxo, de quem já falamos em capítulos anteriores. O leitor interessado pode ler sobre o trabalho de Eudoxo em nossos artigos publicados nas RPMs 5 e 7.

Capítulo 19

Limites e derivadas no ensino médio

19.1 Introdução

O conceito de derivada é da maior importância na fundamentação de toda a Matemática que se originou no século XVII e que vem se desenvolvendo até os dias de hoje. Juntamente com o conceito de integral, que remonta a Arquimedes na Antiguidade, esses dois conceitos fundamentam o Cálculo, que tem sido a alavanca mestra de toda a ciência moderna. Daí a enorme importância de se ensinar a derivada já no ensino médio. Mas isso tem de ser feito de maneira adequada a esse nível de ensino, não como se faz nas disciplinas dos cursos universitários de Cálculo.

É por causa desse erro de tentar fazer no ensino médio exatamente o que se faz no Cálculo Universitário que *limites e derivadas* não costumam ser levados a sério no ensino médio, embora compareçam em muitos textos dedicados a esse nível de ensino. Alega-se que são coisas muito difíceis. Ora, o que se deve fazer no ensino médio é uma apresentação bem simples e modesta, o suficiente para que o aluno possa perceber a importância desses conceitos, o suficiente para mostrar seu largo alcance nas aplicações. Pretendemos mostrar como isso pode ser feito no contexto do estudo das funções.

As funções costumam ser apresentadas num bloco único, logo na primeira série do ensino médio, de maneira desvinculada de geometria analítica, limites e derivadas, que aparecem nos livros da terceira série. É importante que todos esses conceitos sejam ensinados de maneira integrada e não separados em blocos estanques.

19.2 Um roteiro inicial

Geometria analítica tem muito a ver com funções e sistemas lineares. E como já se torna hábito — aliás, muito salutar — discutir gráficos no ensino fundamental, ali é o lugar certo para introduzir a equação da reta. Mas é preciso não exagerar: nada de toda aquela "parafernália"de equação geral, equação na forma normal, equação segmentária, retas perpendiculares, nada disso. Somente um comecinho bem simples e de fácil compreensão. Apenas retas pela origem, por exemplo, em conexão com a ideia de proporcionalidade entre grandezas e regra de três. Nesse estágio deve-se falar em declive (declividade, coeficiente angular) da reta e enfatizar o significado geométrico do declive, mostrando visualmente que quanto maior o declive mais inclinada é a reta em relação ao eixo horizontal. É preciso explicar também o significado do declive negativo, novamente valendo-se da visualização geométrica.

O ensino de funções num bloco único e isolado é um exagero. Toma muito espaço e apresenta poucas chances de aplicações significativas. Melhor é começar com uma breve introdução ao conceito de função, de preferência com exemplos simples e concretos. Nada de despejar sobre o aluno toda aquela terminologia de função injetiva, sobrejetiva, bijetiva, contradomínio etc.

A meu ver, o professor deveria iniciar a primeira série do ensino médio retomando a proporcionalidade e a regra de três, mostrando que grandezas proporcionais são como duas variáveis, uma dependente da outra (a variável independente), as quais dão origem ao gráfico de uma reta pela origem. Daí a mostrar a equação geral da reta na forma normal $y = mx + n$ não é difícil: trata-se de uma translação do gráfico de $y = mx$ de magnitude n ao longo do eixo vertical. Trabalhando com diferentes valores numéricos de m e n, o aluno não terá maiores dificuldades na compreensão do caso geral.

Em seguida, vale a pena falar em acréscimos e decréscimos das variáveis, familiarizando o aluno com a notação Δx (delta x) e Δy (delta y), e com o fato de que o declive da reta é $\Delta y/\Delta x$. Vários exemplos concretos ajudam nessa familiarização, inclusive com valores positivos e negativos desses acréscimos.

19.3 Mais funções

Continuando com a introdução de funções, o exemplo mais adequado a ser apresentado a seguir, pela sua simplicidade, é o da função $y = f(x) = x^2$. Aqui o professor deve calcular pausadamente alguns valores de y para valores atribuídos a x, como $x = 0, \pm 1, \pm 3/2, \pm 2, \pm 5/2, \pm 3$. É até conveniente fazer uma tabela desses valores. Um dos benefícios desses cálculos é a facilidade em mostrar ao aluno que $f(x) = f(-x)$, o que permite introduzir o conceito de *função par* a partir de uma situação bem concreta. De um modo geral, *diz-se que uma função $f(x)$ é par se ela estiver definida num intervalo simétrico em relação à origem (isto é, intervalo do tipo $[-a, a]$) e $f(-x) = f(x)$ para todo x nesse intervalo.* O aluno vai logo perceber que fica rapidamente difícil plotar pontos com valores maiores de x, como 4, 5 etc. Não obstante isso, costumamos "vender" a imagem de que o gráfico tem o aspecto ilustrado na Figura 19.1. Mas como ter certeza de que o gráfico é uma curva que tem a concavidade sempre voltada para cima, se não temos como continuar fazendo o gráfico além de valores relativamente pequenos, como $x = 3$? Será que lá muito longe a curva não vai ter o aspecto ilustrado na Figura 19.2?

x	$f(x) = x^2$
0	0
± 1	1
$\pm 3/2$	$9/4$
± 2	4
$\pm 5/2$	$25/4$
± 3	9

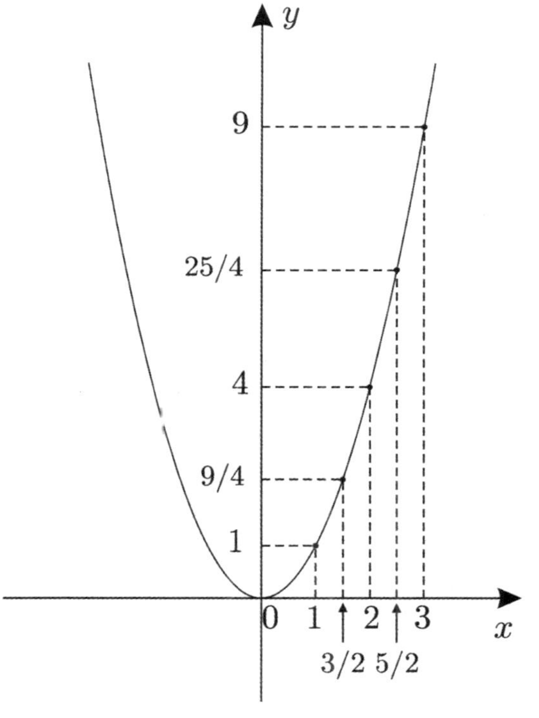

Figura 19.1

Para responder a essa pergunta, recorremos ao declive da reta tangente. Com efeito, dizer que a concavidade da curva está voltada para cima significa precisamente que o declive da reta tangente cresce à medida que crescem os valores atribuídos a x, como ilustra a Figura 19.3. Mas como saber que esse declive é sempre crescente? A única maneira de responder a essa pergunta é calcular esse declive. Pode parecer um desafio sério, já que nem sabemos como definir reta tangente a uma curva qualquer.

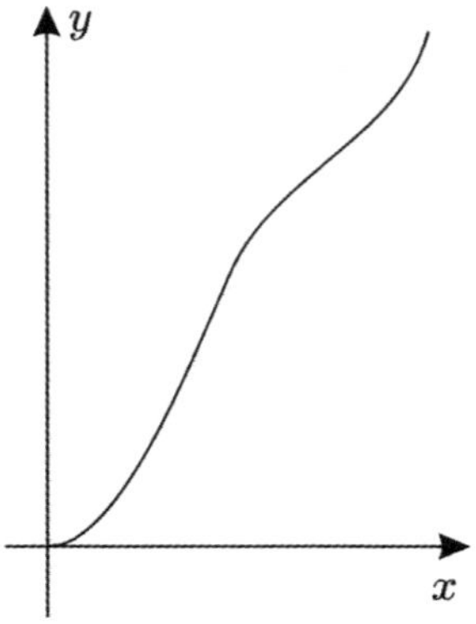

Figura 19.2

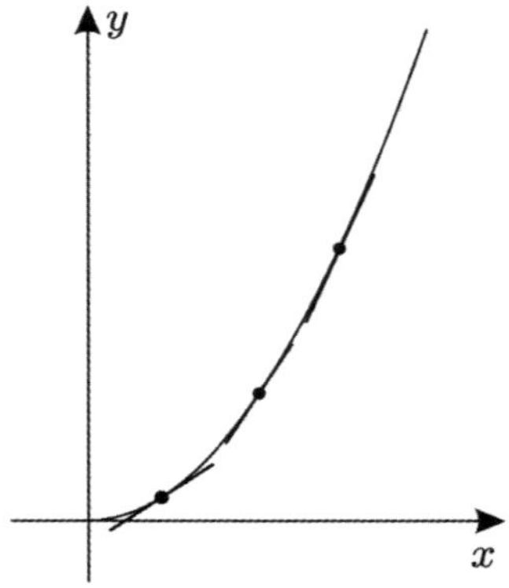

Figura 19.3

19.4 Reta tangente

Até agora, o aluno só tem familiaridade com reta tangente a uma circunferência num de seus pontos: é a reta que toca a circunferência somente nesse ponto; ou ainda, é a reta que passa por esse ponto e é perpendicular ao raio que também passa por aí. Nenhuma dessas definições serve para uma curva qualquer. Veja a Figura 19.4: a primeira das curvas ali representadas ilustra uma reta que toca a curva num único ponto, e nem por isso merece o nome de reta tangente; a segunda curva ilustra uma reta que toca a curva em mais de um ponto e que, no entanto, merece o nome de reta tangente no ponto P.

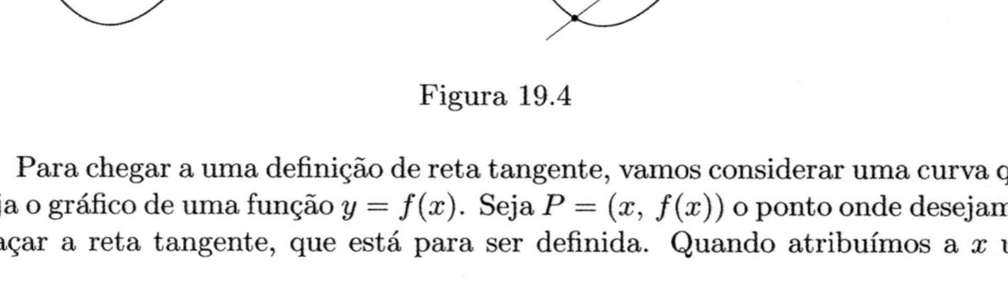

Figura 19.4

Para chegar a uma definição de reta tangente, vamos considerar uma curva que seja o gráfico de uma função $y = f(x)$. Seja $P = (x,\ f(x))$ o ponto onde desejamos traçar a reta tangente, que está para ser definida. Quando atribuímos a x um acréscimo $\Delta x = h$[1], a variável dependente y sofre um acréscimo correspondente Δy, e passamos do ponto $P = (x,\, y)$ ao ponto $Q = (x+h,\, y+\Delta y)$. Por exemplo, no caso concreto da função $y = f(x) = x^2$ (veja a Figura 19.5, em que, para facilitar o visual, abrimos a curva para a direita), temos:

$$y + \Delta y = f(x+h) = (x+h)^2 = x^2 + 2xh + h^2,$$

de sorte que

$$\Delta y = f(x+h) - f(x) = (x^2 + 2xh + h^2) - x^2 = h(2x+h).$$

Em consequência,

$$\frac{\Delta y}{\Delta x} = \frac{\Delta y}{h} = 2x + h,$$

é o declive da reta secante que passa pelos pontos P e Q. Esse quociente $\Delta y/\Delta x = \Delta y/h$ é conhecido como *razão incremental*, pois é, realmente, a razão dos dois incrementos das variáveis.

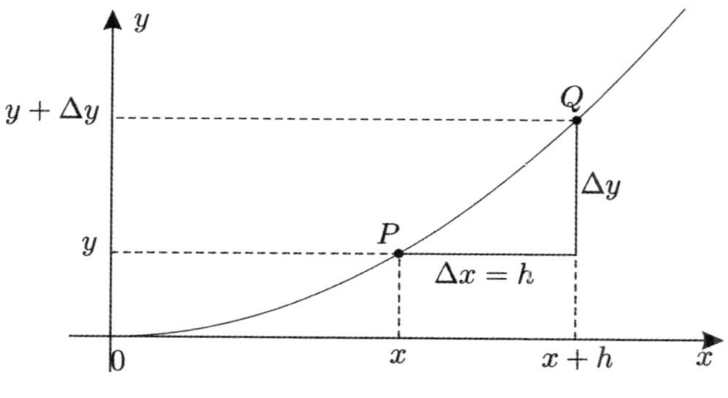

Figura 19.5

Agora procedemos da seguinte maneira: mantemos fixo o valor de x e vamos diminuindo o valor de $h > 0$, de forma que o ponto P permanece fixo, enquanto Q vai mudando de posição. Na Figura 19.6, representamos várias posições de Q à medida que h, sempre positivo, vai decrescendo de valor, tendendo a zero. Atentos à figura, vemos que a reta secante vai passando por várias posições, aproximando-se de uma posição limite, uma reta limite, por assim dizer, a qual é definida como sendo a *reta tangente* à curva no ponto P. O declive dessa reta tangente é precisamente o *limite* do declive $2x + h$ quando h tende a zero. Esse valor limite é exatamente $2x$.

[1] A substituição do acréscimo Δx por h é uma conveniência em muitos casos, como veremos logo adiante.

Repare que h nunca é zero, pois esse valor não faria sentido na razão incremental $\Delta y/h$. O que nos interessa é saber o *valor limite* dessa razão, o valor do qual ela pode se tornar tão próxima quanto quisermos, bastando para isso fazer h suficientemente pequeno. Esse limite é o que se chama a *derivada* da função no valor x da variável independente. A derivada de uma função $y = f(x)$ costuma ser indicada com a notação $y' = f'(x)$.

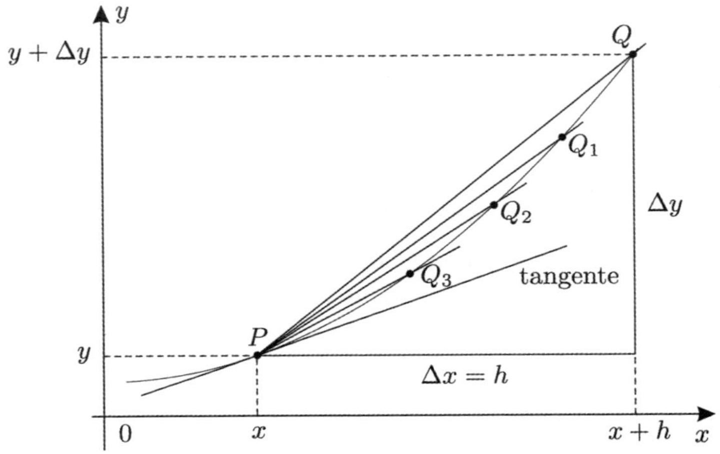

Figura 19.6

19.5 Uma aplicação

A derivada tem inúmeras utilidades no estudo das funções. Limitando-nos aqui sempre à função $y = f(x) = x^2$, necessitamos primeiro dos conceitos de *função crescente* e *função decrescente*. São noções simples e de fácil compreensão, principalmente com um exemplo concreto, como esse que vimos usando. Vamos escrever em destaque:

Ser crescente significa que quando x cresce, y também cresce; e ser decrescente significa que quando x cresce, y decresce.

De acordo com essas definições, nossa função $y = f(x) = x^2$ é crescente em $x \geq 0$ e decrescente em $x \leq 0$. Já sua derivada $y = f'(x) = 2x$ é crescente em todo o eixo dos x.

Tendo sempre em mente que a derivada é o declive da reta tangente, o fato de esta derivada $y = f'(x) = 2x$ ser crescente significa que a reta tangente vai-se tornando mais e mais vertical, à medida que x cresce a partir do valor zero (Figura 19.3). Isto significa que a curva tem concavidade sempre voltada para cima; não é como aquela da Figura 19.2. Observe também que a derivada se anula quando $x = 0$, significando que o declive da reta tangente na origem é zero, donde a reta tangente ser horizontal, ou seja, o próprio eixo dos x. Como consequência, a curva tem mesmo o aspecto da Figura 19.1, passa pela origem sem fazer um bico, como na Figura 19.7.

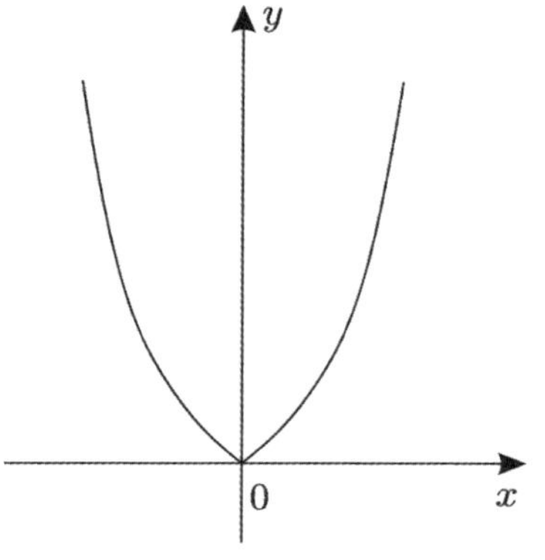

Figura 19.7

19.6 Em classe

O professor não deve apresentar em sala de aula o material desenvolvido até aqui exatamente como está. Essa apresentação é para leitores que já são professores, alunos de licenciatura, ou que já tenham preparo suficiente para seguir os vários passos do que fizemos. Para o aluno de uma primeira série do ensino médio o professor terá de fazer um preparo preliminar sobre funções, principalmente ensinando a calcular $f(x)$ para vários valores de x e de f. Em vista disso, o material aqui apresentado pode exigir mais de uma aula para sua devida apresentação. A própria derivada de $y = x^2$ deve ser calculada primeiro para valores particulares de x, como $x = 1$, $x = 3/2$, $x = -2$ etc.

Da minha experiência de vários anos em sala de aula, eu aprendi que aulas expositivas não podem durar muito tempo, algo entre 15 e 30 minutos, tempo esse que deve ser seguido de trabalhos pelos alunos, individualmente ou em grupos, fazendo exercícios sobre a matéria exposta, ali na sala, com o professor sempre pronto para ajudar. Essa é uma maneira de estimular a participação dos alunos. Não quero com isso dizer que o professor deva passar o resto da aula com essas atividades, tudo depende dos problemas que estão sendo tratados, às vezes fáceis, às vezes mais difíceis, e neste último caso eles exigem mais tempo. No pressuposto de que haja tempo sobrando, então a aula expositiva pode ser retomada.

Vários exercícios podem ser propostos, seja para resolver ali mesmo na sala de aula, com a ajuda do professor, seja para fazer em casa, ou, pelo menos, para que o aluno possa refletir sobre eles até a aula seguinte. Alguns exemplos:

1) Estenda a Figura 19.3 para a esquerda da origem; e desenhe a reta tangente em vários pontos.

2) Prove, no caso da função $y = f(x) = x^2$, que ela é crescente em $x \geq 0$ e decrescente em $x \leq 0$. (Para isso não é preciso usar derivada.)

3) Mostre que $y = f(x) = x^3$ é uma função crescente em toda a reta, mesmo em $x \leq 0$.

4) Mostre que a função do exercício anterior é uma *função ímpar*, assim chamada toda função que é definida em um intervalo simétrico em relação à origem (isto é, do tipo $[-a, a]$) e satisfaz a propriedade $f(-x) = -f(x)$ para todo x nesse intervalo.

5) Proponha um desafio: calcular a derivada de $y = f(x) = x^3$. Como sugestão, que o aluno relembre a expansão de $(x + h)^3$; complemente este exercício com a representação das retas tangentes ao gráfico da função; proponha mostrar que a função tem concavidade para baixo em $x \leq 0$ e para cima em $x \geq 0$.

6) Aproveite para fazer os alunos provarem direitinho as fórmulas do quadrado da soma e do cubo da soma. Um desafio maior seria provar a fórmula da quarta potência da soma. Seria um modo de encaminhar o aprendizado do binômio de Newton.

7) Prove que a derivada da soma de duas funções é a soma das derivadas delas, isto é, $[f(x) + g(x)]' = f'(x) + g'(x)$.

8) Prove que se k é uma constante, então a derivada de $kf(x)$ é $kf'(x)$.

Nada de derivada de um "produto" ou "quociente" de funções. E se algum aluno levantar essa questão, é conveniente esclarecer que o objetivo no momento não é ensinar Cálculo, apenas tratar de noções introdutórias, e que o tempo disponível será utilizado na apresentação de aplicações interessantes, especialmente no estudo do movimento que o professor de Física fará em sua disciplina. Sim, um dos principais objetivos na introdução da derivada logo no início da primeira série do ensino médio é a interdisciplinaridade com a Cinemática, por isso mesmo os professores de Matemática e Física devem planejar juntos o trabalho que vão desenvolver. Falaremos sobre isso no próximo capítulo.

19.7 Quantos conceitos!

Repare o leitor quantos conceitos foram introduzidos no material apresentado até aqui, num contexto bem concreto, quando os conceitos são efetivamente necessários e facilmente aceitos, já que o aluno "vê" a necessidade deles, muito diferente daquele costume antipedagógico de dar definições e mais definições, sem que o aluno saiba para que vão servir. Introduzimos os conceitos de "declive de uma reta", "função par", "concavidade", "razão incremental", "reta tangente", "limite", "derivada", "função crescente", "função decrescente" e "função ímpar", ao todo dez conceitos importantes!

19.8 Por que a derivada?

É gratificante constatar que alguns autores já estão incluindo a derivada em seus livros para o ensino médio, de maneira sensata, breve e equilibrada; mas, infelizmente, ainda na terceira série, já no final do curso, quando pouco se pode aproveitar desse estudo. Há também uma certa reserva quanto à derivada, que costuma ser considerada difícil e imprópria para o ensino médio, devendo ficar restrita à Universidade. Isso acontece também porque se criou o hábito de preceder o ensino de derivadas de um pesado capítulo sobre limites, o que é completamente desnecessário, como vimos há pouco.

O ensino da derivada é da maior importância, pelo tanto que ajuda no tratamento de inúmeras propriedades das funções. E tem de ser feito logo na primeira série, quando pode integrar-se harmoniosamente com a Física no estudo do movimento (como veremos no próximo capítulo), além de servir para o estudo dos polinômios e em outras aplicações científicas. Como observamos na Introdução, a derivada foi inventada no século XVII; e, juntamente com o conceito de integral, ela é o alicerce de toda a ciência e tecnologia dos últimos 300 anos. Os reformadores do ensino da Matemática da década dos anos sessenta criticavam o fato de que a Matemática ensinada na escola básica não ia além do que se havia desenvolvido até 1700. Mas vejam que ironia: a derivada, que é anterior a 1700, essa eles deixaram de fora do ensino!...

19.9 Exemplos que não ajudam

O desenvolvimento de uma teoria completa do limite para funções só é viável nos cursos de Análise, após um primeiro curso de Cálculo. Isso porque os exemplos interessantes e realmente motivadores dessa teoria só aparecem depois que o estudante se familiariza com funções mais complicadas que vão aparecendo aos poucos no decorrer de um primeiro curso de Cálculo. Nenhum aluno vai se sensibilizar com exemplos como este: calcular o limite de $y = f(x) = 3x$ com x tendendo a 2. Ora, basta calcular $f(2)$. Exemplos como esse não ajudam porque carecem de motivação que estimule o aluno. Alguns autores de livros de Cálculo até se dão ao trabalho de calcular numericamente — e ilustrar graficamente! — valores de $f(x)$ para valores de x cada vez mais próximos de 2. Sim, isso também mostra que $f(x)$ está se aproximando do limite 6; mas qual a utilidade disso se o aluno vê claramente, pelo gráfico da função, que isso tem de acontecer?

Outro tipo frequente em livros de Cálculo é este: calcular o limite de

$$f(x) = \frac{x^2 - 9}{x - 3}$$

com x tendendo a 3. Ora, é só fatorar o numerador e simplificar a fração:

$$f(x) = \frac{x^2 - 9}{x - 3} = \frac{(x-3)(x+3)}{x - 3} = x + 3.$$

Pronto, agora vê-se claramente que o limite é 6. No entanto, este mesmo exemplo exibe suas virtudes quando visto do ponto de vista da derivada, quando propomos calcular a derivada de $f(x) = x^2$ em $x = 3$. Agora temos de proceder assim: do ponto $x = 3$ a um ponto x qualquer o incremento é $\Delta x = x - 3$, ao passo que incremento correspondente da função é $f(x) - f(3) = x^2 - 9$. E a razão incremental nos leva exatamente ao exemplo proposto anteriormente, com uma diferença: agora o aluno "vê" a necessidade desse limite, essencial para calcular o declive da reta tangente ao gráfico da função no ponto $x = 3$. Portanto, didaticamente é mais aconselhável começar com a derivada; o limite aparece no caminho, naturalmente.

19.10 As razões históricas

Quando se fala tanto em utilizar a história no ensino, voltemos nossas vistas para o desenvolvimento histórico do Cálculo. A derivada foi inventada no século XVII por meio de vários problemas particulares, que eram resolvidos um a um, separadamente, até que, pelo final do século foi-se percebendo que havia um elemento comum em todos eles. Durante todo esse século, e em boa parte do século seguinte, não havia o conceito de limite. Newton falava em quantidades evanescentes, ora tratadas como nulas e desprezíveis, ora tratadas como inferiores a qualquer quantidade positiva. Leibniz (1646–1716) fazia algo parecido, com notação mais apropriada. D'Alembert (1717–1783) foi o primeiro a interpretar a derivada como limite, isto lá pelos meados do século XVIII, quando os métodos do Cálculo já estavam bem desenvolvidos, graças aos esforços de vários sábios, dentre os quais se destacam Jacques Bernoulli (1654–1705), Jean Bernoulli (1667–1748), Daniel Bernoulli (1700–1782) e Euler (1707–1783). Limite mesmo, numa teoria bem estruturada e útil ao desenvolvimento da Análise Matemática, isso só foi acontecer a partir de 1815[2].

[2] Como explicamos em nosso livro *Análise Matemática para Licenciatura*, da Editora Blücher.

19.11 Aumentando ainda mais o currículo?

Antes que algum leitor pense que o ensino de derivadas logo na primeira série vai aumentar ainda mais o ensino de funções, apressamo-nos a dizer que é exatamente o contrário. O ensino de funções, como vemos em vários livros, é que está carregado de terminologia e notação, de maneira artificial e descontextualizada. O excesso de "conjuntos" continua presente em vários livros, "entulhando" o currículo. Tudo isso pode ser reduzido substancialmente e com vantagens, beneficiando o bom aprendizado das ideias matemáticas. São as ideias que devem ser enfatizadas, a linguagem e a notação somente quando necessárias.

Na apresentação da derivada, nem a equação da reta se faz necessária, apenas o declive da reta tangente. Já no contexto dos sistemas de equações lineares é interessante desenvolver a equação da reta. Essa equação na forma normal já é suficiente para interpretar geometricamente o significado da solução, soluções ou ausência de soluções de sistemas lineares. E serve também para tratar de problemas simples de programação linear. Com esse procedimento, promove-se a interação de diferentes tópicos da Matemática e descarrega-se aquele bloco extenso da geometria analítica da terceira série.

Os blocos de limites e derivadas, como ainda aparecem em vários livros da terceira série, devem ser reduzidos substancialmente. Como já dissemos e ilustramos anteriormente, um tratamento separado e prévio de limites é totalmente desnecessário. As apresentações em alguns livros ainda são feitas num estilo que está mais para o ensino universitário que para o ensino médio. Portanto, além da redução da matéria tratada, é necessário fazer uma devida adequação dessa matéria ao ensino médio. É gratificante podermos registrar aqui que em pelo menos um texto que examinamos isso está sendo feito.

Capítulo 20

Derivadas e Cinemática

20.1 Introdução

No capítulo anterior insistimos em que a derivada deve ser ensinada na primeira série do ensino médio. Isso tem a virtude de permitir uma saudável interação com o estudo do movimento que se faz na Física. Portanto, é um modo de promover a interdisciplinaridade, tão desejada no ensino. Falaremos disso no presente capítulo.

A derivada foi introduzida no capítulo anterior como limite de uma razão incremental. Fizemos sua interpretação como declive da reta tangente ao gráfico da função, da qual tomamos a derivada. Trataremos agora de uma outra interpretação da derivada, que é típica de sua utilização no estudo do movimento de um ponto material. Mas, antes disso, falaremos de uma importante propriedade da derivada que será utilizada logo adiante.

20.2 Funções com derivada zero

Começamos observando que *a derivada de uma função constante é zero.* Com efeito, dada uma função constante, $y = f(x)$, o acréscimo Δy da variável dependente é sempre zero, qualquer que seja o acréscimo Δx da variável independente, o qual nunca é zero; em consequência, a razão incremental $\Delta y / \Delta x$ é sempre zero, portanto também a derivada $f'(x)$.

A propriedade que será utilizada adiante é a recíproca da anterior e assim se formula: *Se a derivada de uma função é nula em todo um intervalo, então essa função é constante nesse intervalo.*

O modo mais natural de interpretar (e justificar) essa propriedade consiste em observar que a reta tangente ao gráfico da função em qualquer de seus pontos é horizontal, o que nos leva a entender que esse gráfico só pode ser uma reta horizontal, donde a função ser constante. Foi assim que os melhores matemáticos do século XVIII, dentre os quais as grandes figuras de Euler e Lagrange (1736–1813), compreenderam a referida propriedade. Portanto, muito razoável que ela seja assim explicada a alunos do ensino médio; e que eles não sejam perturbados com qualquer tentativa adicional de uma demonstração mais sofisticada.

20.3 Velocidade média e movimento uniforme

Vamos considerar agora o movimento de um ponto material que se move numa trajetória qualquer. Ponto material é um ponto geométrico ao qual se associa um número positivo, que é a sua massa. A massa não nos preocupa, enquanto não tivermos de lidar com a dinâmica do movimento, quando intervêm os conceitos de massa, força e energia.

Como de costume, $s = s(t)$ denotará o espaço percorrido pelo móvel a partir de um certo ponto O. Então,

$$\Delta s = s(t + \Delta t) - s(t)$$

representa o espaço percorrido pelo móvel durante o intervalo de tempo que vai do instante t ao instante $t + \Delta t$ (Figura 20.1). A *velocidade média* v_m nesse intervalo de tempo é definida como sendo a razão incremental

$$v_m = \frac{\Delta s}{\Delta t} = \frac{s(t + \Delta t) - s(t)}{\Delta t}.$$

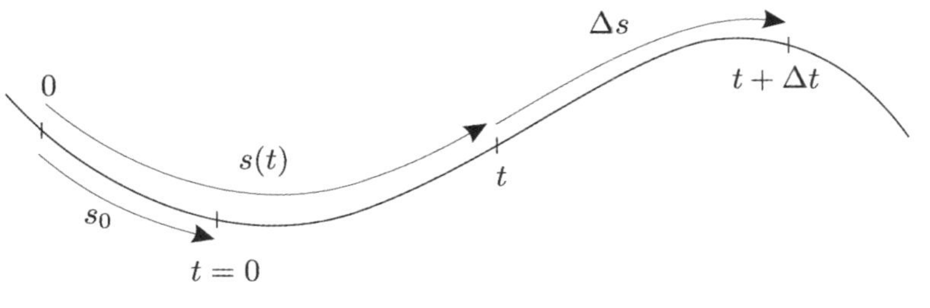

Figura 20.1

Dizemos que o movimento é *uniforme* quando a velocidade média tem o mesmo valor v durante todo o tempo do movimento. Nesse caso, denotando com s_0 o valor do *espaço inicial* (que é o espaço já percorrido quando se começa a contar o tempo), podemos escrever essa velocidade média utilizando o incremento espacial $\Delta s = s(t) - s_0$ correspondente ao incremento de tempo $\Delta t = t - 0 = t$, isto é,

$$\frac{\Delta s}{\Delta t} = \frac{s(t) - s_0}{t},$$

donde

$$\boxed{s = s_0 + vt.}$$

Esta é a conhecida *equação horária* do movimento uniforme. Seu gráfico num plano cartesiano t-s é uma reta. A Figura 20.2 ilustra esse gráfico numa situação em que s_0 e v são números positivos.

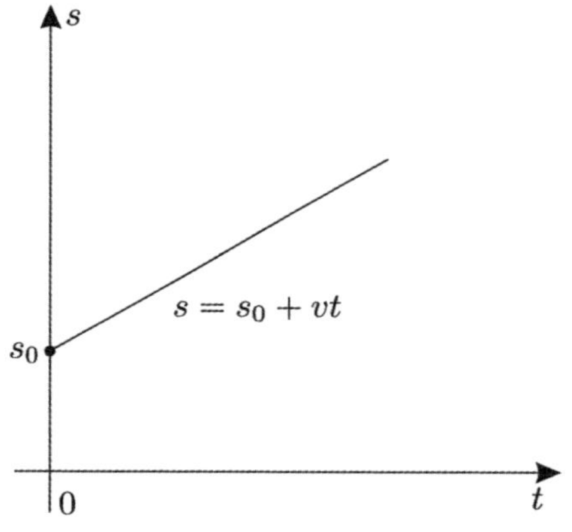

Figura 20.2

20.4 Velocidade instantânea

Se o movimento não for uniforme, a velocidade média nada nos dirá sobre o estado do movimento no instante t (ou em qualquer outro instante entre t e $t+\Delta t$). De fato, podemos imaginar um sem-número de movimentos diferentes, entre os instantes t e $t+\Delta t$, todos com a mesma velocidade média: o móvel pode mover-se muito rapidamente em certos trechos, mais devagar em outros e até parar uma ou várias vezes antes de completar o percurso; e isso, como dissemos, de muitas maneiras distintas.

Não obstante essas considerações, a ideia de "velocidade instantânea" nos é muito familiar. Qualquer pessoa entende o que significa dizer que o carro estava a mais de 80 km/h quando bateu no poste. Mas como traduzir isso matematicamente? Repare que para falar em velocidade é preciso observar o movimento; e movimento só existe durante intervalos de tempo, nunca num instante de tempo! É preciso deixar *fluir* o tempo para podermos avaliar a rapidez ou vagarosidade do movimento. Mantendo t fixo e imaginando intervalos de tempo $(t,\ t+\Delta t)$ cada vez menores, as velocidades médias correspondentes vão nos dando informações cada vez mais precisas sobre o que se passa no instante t. Assim, concebemos a ideia de que essas velocidades médias deverão se aproximar de um valor determinado quando Δt tende a zero. E é isso o que acontece na maioria dos movimentos observados na Natureza e que são descritos por idealizações matemáticas. Esse valor limite é chamado de *velocidade instantânea* no instante t. Como essa velocidade está associada ao instante t, ela deve ser função desse tempo t, por isso deve ser denotada $v = v(t)$. Portanto, como acabamos de explicar, matematicamente ela é definida como sendo o limite, com $\Delta t \to 0$, da razão incremental que dá a velocidade média, isto é,

$$v(t) = \lim_{\Delta t \to 0} \frac{s(t + \Delta t) - s(t)}{\Delta t} = \lim_{\Delta t \to 0} \frac{\Delta s}{\Delta t}.$$

Assim, por definição, a *velocidade instantânea é a derivada do espaço em relação ao tempo.*

20.5 Movimento uniformemente variado

O conceito de *aceleração* é introduzido de maneira análoga ao de velocidade: ela mede a variação da velocidade em relação ao tempo. No movimento uniforme, em que a velocidade permanece constante, não há aceleração; ou seja, a aceleração é zero.

O movimento de um corpo em queda livre é um exemplo típico de movimento acelerado. Desprezando a resistência do ar, a velocidade desse corpo aumenta de aproximadamente 10 m/s a cada segundo. Assim, se o corpo é abandonado à ação da gravidade com velocidade zero no instante $t = 0$, depois de um segundo essa velocidade é de aproximadamente 10 m/s; depois de dois segundos será de 20 m/s; depois de três segundos, 30 m/s; e assim por diante.

De um modo geral, definimos *aceleração média* num intervalo de tempo $(t,\ t + \Delta t)$ como sendo o quociente $\Delta v/\Delta t$, onde Δv é a variação da velocidade nesse intervalo, dada por $\Delta v = v(t + \Delta t) - v(t)$. A *aceleração instantânea* $a(t)$ no instante t, por sua vez, é o limite da velocidade média com Δt tendendo a zero, isto é

$$a(t) = \lim_{\Delta t \to 0} \frac{v(t + \Delta t) - v(t)}{\Delta t}.$$

Dizemos que um movimento é *uniformemente variado* quando sua aceleração for constante e diferente de zero. É esse o caso mencionado há pouco de um corpo em queda livre.

Vamos considerar um movimento uniformemente variado com aceleração a. Seja $v = v(t)$ sua velocidade num instante t; e seja $v_0 = v(0)$ a velocidade inicial. Como a é constante, podemos escrever

$$\frac{v - v_0}{t} = a,$$

donde se obtém

$$\boxed{v = v_0 + at,}$$

que é a *equação da velocidade*. Seu gráfico é uma reta, ilustrada na Figura 20.3 quando v_0 e a são números positivos.

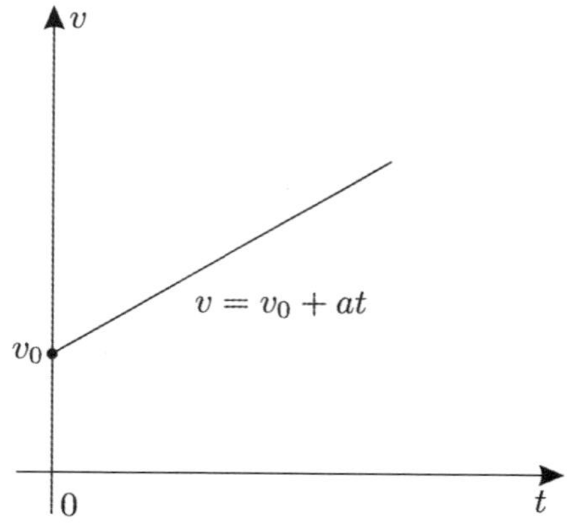

Figura 20.3

20.6 Equação horária

Para obtermos a equação horária do movimento, vamos utilizar a segunda propriedade da derivada, mencionada no início deste artigo, segundo a qual se duas funções $f(t)$ e $g(t)$ têm a mesma derivada, a diferença $h(t) = f(t) - g(t)$ tem derivada zero, significando que o gráfico de $h(t)$ tem tangente horizontal em todos os pontos, sendo, pois, uma função constante em t, vale dizer, f e g diferem por uma constante.

Para isso, começamos procurando uma função, cuja derivada seja a velocidade $v(t) = v_0 + at$. O primeiro termo, v_0, é a derivada de $v_0 t$. Quanto ao segundo termo, at, notamos que t é a derivada de $t^2/2$, de sorte que at é a derivada de $at^2/2$. Essas considerações nos mostram que $v(t) = v_0 + at$ é a derivada da função $v_0 t + at^2/2$, isto é,

$$\left(v_0 t + \frac{at^2}{2}\right)' = v_0 + at.$$

Mas a derivada do espaço $s(t)$ também é a velocidade $v(t) = v_0 + at$. Portanto, a função

$$s(t) - \left(v_0 t + \frac{at^2}{2}\right)$$

tem derivada zero, logo é uma constante C:

$$s(t) - \left(v_0 t + \frac{at^2}{2}\right) = C.$$

Em consequência,

$$s(t) = C + v_0 t + \frac{at^2}{2}.$$

O significado de C torna-se claro quando fazemos $t = 0$:

$$C = s(0) = s_0.$$

Substituindo este valor na equação anterior, obtemos a *equação horária* do movimento uniforme:

$$\boxed{s = s_0 + v_0 t + \frac{at^2}{2}.}$$

Como s é um trinômio do segundo grau em t, seu gráfico é uma parábola, como ilustra a Figura 20.4 na hipótese de serem s_0, v_0 e a todos positivos.

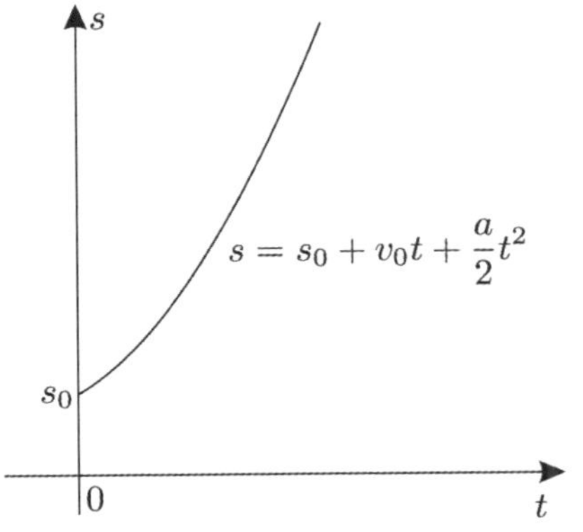

Figura 20.4

20.7 Observações finais

O leitor deve notar, no caso do movimento uniformemente variado, que foi mais fácil obter a equação da velocidade do que a equação horária, embora a dedução desta última não tenha sido tão trabalhosa. O que não se pode admitir é o péssimo hábito, ainda tão comum nas escolas e cursinhos, de ensinar essas equações "dogmaticamente", sem nenhuma justificativa.

Devemos observar também que fizemos uma apresentação com o objetivo de mostrar como as coisas podem ser feitas, sem nos alongarmos além do necessário. Assim, o presente capítulo deve ser entendido apenas como um roteiro que possa servir ao professor (de Física ou mesmo ao professor de Matemática) para organizar suas aulas, as quais devem, evidentemente, ser complementadas com exercícios e atividades para os alunos.

Capítulo 21

A Matemática e a Cartografia

21.1 Introdução

A Cartografia, que é a arte de fazer mapas, tem uma história antiga, que remonta a milênios antes de Cristo. Nos tempos modernos, ou seja, a partir da segunda metade do século XV, a elaboração de mapas tornou-se uma atividade de interesse crescente, principalmente devido às grandes navegações, que exigiam mapas cada vez mais confiáveis. E, por serem mapas de grandes regiões, se não de todo o globo terrestre, os cartógrafos procuravam descobrir a maneira de fazer um tal mapa de forma a reproduzir as diferentes localidades do globo preservando, com exatidão, na mesma escala, as várias distâncias entre elas. Isso perdurou até que, em meados do século XVIII, o grande matemático Leonardo Euler (1707–1783) demonstrou a impossibilidade desse intento. A demonstração desse fato, relativamente simples, será feita no final do capítulo.

Um outro momento importante da Cartografia do século XVI foi a construção de um mapa com características especiais, muito apropriadas às navegações, o chamado mapa de Mercator.

Falaremos dessas coisas e de outras mais no correr deste capítulo.

21.2 O mapa-mundi de Ptolomeu

Mapas do mundo conhecido — ou de regiões mais restritas desse mundo, às vezes apenas uma cidade ou um ducado — foram feitos desde tempos bem remotos. De todos esses mapas, o mapa-mundi de Ptolomeu teve vida bem longa, servindo a seus contemporâneos ainda no tempo do Império Romano, passando pelos árabes e voltando à Europa em fins da Idade Média.

Cláudio Ptolomeu, da Escola de Alexandria,[1] viveu no séc. II d.C., uma

[1]Veja o Capítulo 5.

época em que Alexandria, embora continuasse sendo o mais importante centro de saber no mundo que rodeava o Mar Mediterrâneo, já apresentava um acentuado declíineo desde seu esplendor maior nos séculos II e III a.C.

Ptolomeu é mais conhecido pela teoria geocêntrica do sistema solar, um estudo de fôlego e muito mérito apresentado em seu livro *Almagesto*, que foi a bíblia dos astrônomos até muitas décadas depois de Copérnico.

Outro livro muito importante de Ptolomeu, que também teve vida muito longa, foi a *Geografia*, que influenciou cartógrafos, navegadores e astrônomos do século XV e boa parte do século XVI. É nesse livro que se encontra o mapa de Ptolomeu já referido atrás. Para construí-lo, Ptolomeu baseou-se em informações dos navegadores da época, mercadores que viajavam longas distâncias pela Ásia, Norte da África e Europa, bem como exércitos que se deslocavam por todos os territórios do Império Romano e muito além; e valeu-se também das posições, por meio das coordenadas geográficas, de localidades bem conhecidas, como Alexandria, Siena, Rodes e várias outras.

Uma das curiosidades desse mapa é que ele apresenta o Oceâno Índico como sendo um mar interior, ou seja, cercado de terra por todos os lados. Alguns autores dizem que esse erro só foi desfeito quando o navegador português Bartolomeu Dias cruzou o extremo sul da África em 1488, ultrapassando o que ele chamou de *Cabo das Tormentas*.[2] Embora tenha realmente passado do Oceano Atlântico ao Oceano Índico, Bartolomeu Dias não foi tão longe como Vasco da Gama, cujo feito de chegar às Índias deixou claro o grande erro do mapa de Ptolomeu.

Depois dessas grandes navegações do final do século XV, o mapa de Ptolomeu foi perdendo importância, mesmo porque os cartógrafos de então contavam com dados mais precisos para elaborar seus mapas. Mas, mesmo assim, muitos desses novos mapas começavam com o velho mapa de Ptolomeu, que ia sendo corrigido e melhorado. As navegações foram um grande estímulo para que se intensificassem os esforços na confecção de mapas cada vez mais informativos e confiáveis, dentre os quais o mapa de Mercator, que ficou sendo o mais importante e o mais famoso até os dias de hoje.

21.3 Quem foi Mercator

Gerhard Kremmer (1512–1594)[3] foi um geógrafo e cartógrafo natural de uma região de Flandres, que atualmente faz parte da Bélgica. Ele ficou conhecido pelo seu nome latinizado Gerardus Mercator (Kremmer significa mercador). Mer-

[2]Nome esse que o rei de Portugal na época, D. João II, houve por bem mudar para *Cabo da Boa Esperança*.

[3]Não confundir com o matemático Nicolau Mercator (1620–1687).

cator já havia feito vários mapas, e trabalhara no aperfeiçoamento do mapa de Ptolomeu. Já era famoso e bem-sucedido, profissional e financeiramente, não apenas pelos mapas que fazia, mas principalmente pela habilidade artesanal que exibia no aprimoramento de seus mapas, globos terrestres e instrumentos científicos que produzia. Seu famoso mapa data de 1569, e revolucionou a Cartografia; não de imediato, mas aos poucos os navegadores foram percebendo a vantagem que ele oferecia pela facilidade de navegar pelas assim chamadas "linhas de rumo", que definiremos logo adiante. O sucesso foi tal que, após algumas décadas, Mercator foi ficando cada vez mais conhecido e famoso pelo mapa, e não tanto por suas outras obras. Foi ele quem primeiro utilizou a palavra "atlas" para designar um grupo de mapas.

21.4 O mapa de Mercator

Um dos modos mais convenientes de se navegar a longas distâncias consiste em seguir uma linha que faça um ângulo fixo com os meridianos, isto é, com a direção norte-sul. Uma tal linha é chamada *linha de rumo*. O navegador utiliza a bússola para marcar seu curso de navegação e se mantém nesse curso. É o que eles chamam navegar pela "linha de rumo". É claro que a viagem pode ser dividida em várias etapas, cada uma delas seguindo uma certa linha de rumo.

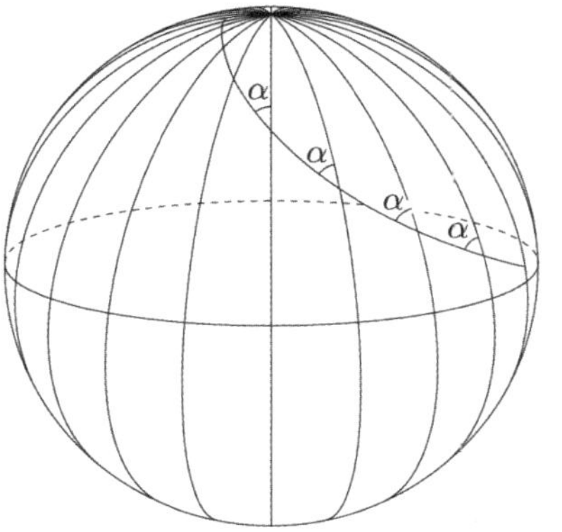

Figura 21.1

Sobre um globo terrestre as linhas de rumo são, em geral, curvas espiraladas. Uma determinada linha de rumo faz o mesmo ângulo com todos os meridianos, de forma que, sendo esse ângulo diferente de 90°, essa linha vai espiralando mais e mais à medida que se aproxima de um dos polos geográficos (Figura 21.1). Se o ângulo com os meridianos for 90°, a linha de rumo será um paralelo; e será um meridiano se esse ângulo for zero. A Figura 21.2 exibe uma linha de rumo que se origina em local próximo a Caracas, na Venezuela, e termina quase no Polo Norte. Observe que a linha de rumo não é o caminho mais curto entre os pontos de partida e de chegada; o caminho mais curto é um arco de círculo máximo, que é um círculo cujo plano passa pelo centro do globo.

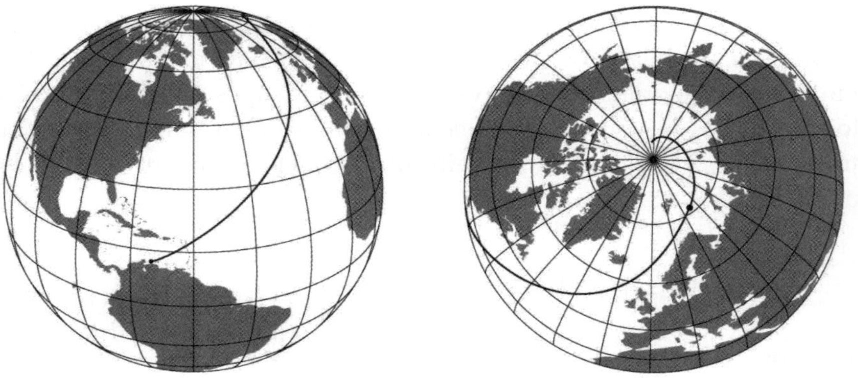

Figura 21.2

A ideia e o trabalho de Mercator

Para que a navegação por linhas de rumo funcione com precisão é necessário dispor de um mapa plano no qual as linhas de rumo sejam retas; o navegador, então, deve traçar, no mapa, uma reta pelos dois pontos, o de partida e o de chegada, e seguir essa linha de rumo com auxílio de sua bússola. Mas, até meados do século XVI não havia mapas em que as linhas de rumo fossem retas. Foi somente em 1569 que surgiu o mapa de Mercator, cuja característica principal era justamente essa: as linhas de rumo no mapa plano eram retas fazendo ângulos constantes com os meridianos. A Figura 21.3 ilustra um mapa de Mercator com a mesma linha de rumo exibida nos globos da Figura 21.2; agora, no mapa plano, ela é reta.

Para descrever a construção do mapa de Mercator, começamos observando que os meridianos e os paralelos devem ser representados por retas no mapa plano. Como o ângulo que cada paralelo faz com cada meridiano é de 90°, as retas que representam os paralelos devem ser perpendiculares às retas que representam os meridianos. Em consequência, os meridianos devem ser representados por uma família de retas paralelas, e os paralelos, por sua vez, também devem ser representados por uma outra família de retas paralelas e perpendiculares às retas da primeira família. Mas isso ainda não garante que outras linhas de rumo sejam representadas por retas.

Suponhamos os meridianos representados por retas verticais e os paralelos por retas horizontais no mapa plano. Como qualquer linha de rumo sobre o globo terrestre faz o mesmo ângulo com todos os meridianos que ela corta, a reta que a representa no mapa plano deve fazer o mesmo ângulo com as retas verticais. Veremos, em seguida, como Mercator conseguiu isso.

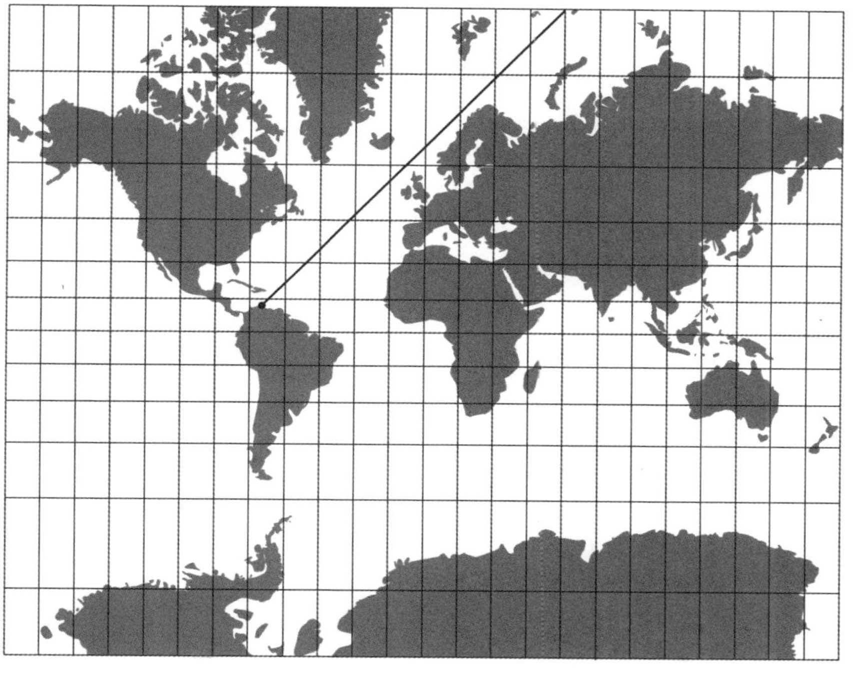

Figura 21.3

Consideremos uma esfera de raio R, representando o globo terrestre, sendo R escolhido de acordo com a escala desejada, de maneira que os comprimentos ao longo do equador permaneçam inalterados na construção do mapa plano. Nessa esfera, sejam $\overset{\frown}{AB}$ e $\overset{\frown}{CD}$ dois segmentos de paralelos entre os mesmos meridianos, o primeiro deles sobre o equador e o segundo sobre um paralelo de latitude θ (Figura 21.4). Segundo Mercator, eles são representados no mapa plano pelos segmentos de mesmo comprimento $A'B'$ e $C'D'$, respectivamente. No entanto, $\overset{\frown}{AB}$ e $\overset{\frown}{CD}$ têm comprimentos diferentes, pois

$$\overset{\frown}{CD} = EC \cdot \varphi = OC \cdot \cos\theta \cdot \varphi = R\varphi \cdot \cos\theta = \overset{\frown}{AB} \cdot \cos\theta.$$

Assim, à medida que $\overset{\frown}{CD}$ vai-se afastando do equador com θ crescente, seu comprimento vai diminuindo progressivamente, tendendo a zero com θ tendendo a

$90°$. Mas $C'D'$ deve ter o mesmo comprimento que $A'B' = \overset{\frown}{AB}$. Portanto, devemos ter:

$$\frac{C'D'}{\overset{\frown}{CD}} = \frac{A'B'}{\overset{\frown}{CD}} = \frac{\overset{\frown}{AB}}{\overset{\frown}{AB} \cdot \cos\theta} = \frac{1}{\cos\theta} = \sec\theta.$$

Como $\sec\theta > 1$ para θ entre zero e $90°$, vemos que os comprimentos ao longo dos paralelos devem ser expandidos pelo fator $\sec\theta$, vale dizer,

$$C'D' = \overset{\frown}{CD} \cdot \sec\theta.$$

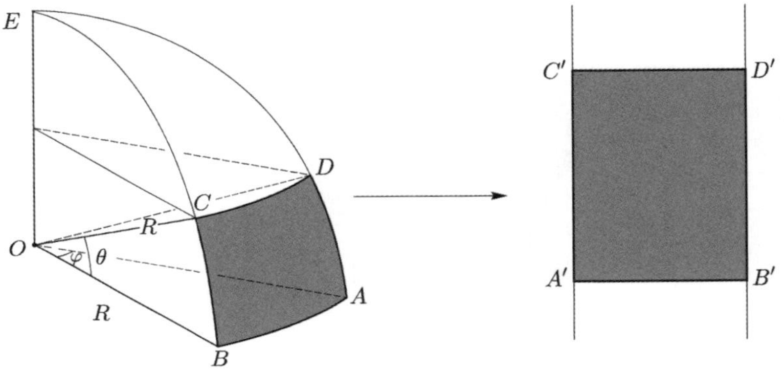

Figura 21.4

Temos de ver agora como proceder com os comprimentos ao longo dos meridianos. O caso dos paralelos é mais simples porque o fator $\sec\theta$ é constante ao longo deles. Mas, ao longo de um meridiano, $\sec\theta$ cresce à medida que um ponto considerado se desloca do equador para um dos pólos. Aqui está o procedimento mais difícil de Mercator. Para entender esse procedimento, seja C um ponto de latitude θ (Figura 21.4), que sofre um deslocamento muito pequeno Δs ao longo de uma linha de rumo, e seja α o ângulo que esse deslocamento faz com o meridiano local (Figura 21.5a). Esse deslocamento Δs se decompõe nas componentes horizontal e vertical, $\Delta s \operatorname{sen}\alpha$ e $\Delta s \cos\alpha$, respectivamente. Como vimos, no mapa plano o comprimento do deslocamento horizontal é aumentado pelo fator $\sec\theta$, de sorte que devemos também aumentar o deslocamento vertical pelo mesmo fator para preservar o ângulo da linha de rumo com os meridianos. Em conseqüência, a imagem dessa linha de rumo no mapa plano será retilínea, pois estará fazendo o mesmo ângulo α com as imagens de todos os meridianos.

Veremos agora como calcular o comprimento do segmento $A'C'$ da Figura 21.4 a partir do comprimento do arco $\overset{\frown}{AC}$. Para isso, passemos a denotar com θ_0 a latitude do ponto C. Repare que, enquanto o deslocamento finito horizontal $C'D'$ é o produto do original $\overset{\frown}{CD}$ por $\sec\theta$, o mesmo não é verdade para o deslocamento vertical, pois θ varia ao longo de cada meridiano. Para entender o cálculo do segmento $A'C'$ da Figura 21.4, vamos imaginar o arco $\overset{\frown}{AC}$ decomposto numa soma de deslocamentos elementares $\Delta v = R\Delta\theta$ (Figura 21.5b), θ variando de zero ao valor final θ_0. No mapa plano, cada um desses deslocamentos elementares deve ser aumentado pelo fator $\sec\theta$, resultando em $\Delta v \sec\theta = R\sec\theta\Delta\theta$. Mas, repare bem, cada deslocamento elementar é multiplicado por um valor diferente de $\sec\theta$, pois o ângulo θ varia. Assim, o deslocamento finito $A'C'$ será aproximadamente igual à soma de todos sses deslocamentos elementares. Isto pode ser escrito na forma de um somatório assim:

$$A'C' \approx R\sum \sec\theta\,\Delta\theta.$$

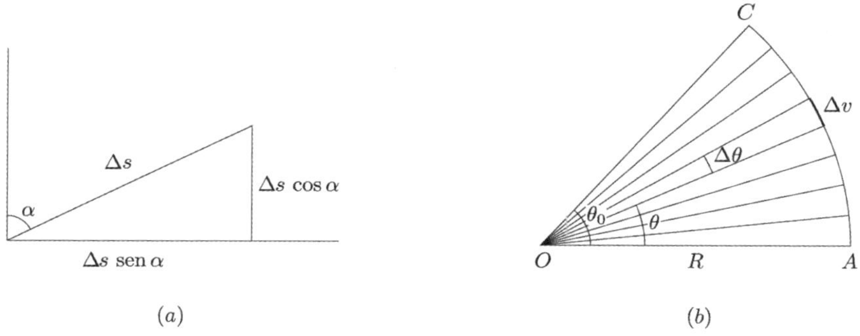

Figura 21.5

Como $\sec\theta$ vai crescendo com o crescer de θ, as várias parcelas deste somatório vão-se tornando cada vez maiores, o que tem como consequência o alongamento das distâncias verticais, um alongamento progressivamente mais acentuado que o das distâncias horizontais. E o mapa da Figura 21.3 realmente exibe essa diferença de alongamentos, o que faz uma região como a Groenlândia parecer maior que toda a América do Sul, quando sua área não passa de um quarto da área do Brasil.

Embora o mapa de Mercator introduzisse uma inovação importante na Cartografia, ele não foi aceito de imediato, mesmo porque, sabidamente, os mapas daquela época sempre continham muitas imprecisões; e não seria um mapa a mais que iria mudar a cabeça das pessoas de uma hora para outra. Mas depois de algum tempo os homens do mar e os cartógrafos foram se apercebendo das vantagens do mapa de Mercator, o qual foi sendo cada vez mais procurado, e foi ganhando credibilidade. Outros mapas mais aperfeiçoados foram sendo elaborados segundo o mesmo princípio de Mercator. Nisso ajudou muito uma publicação de 1599 em que o matemático Edward Wright publicou a primeira explicação do mapa de Mercator segundo um somatório como o que escrevemos há pouco. Mas muitas décadas ainda se passariam para que tudo ficasse bem esclarecido em termos do conceito de integral, que só estaria razoavelmente desenvolvido no final do século seguinte. De fato, o limite do referido somatório, quando $\Delta\theta$ tende a zero, é exatamente a integral da função $\sec\theta$ entre os limites $\theta = 0$ e $\theta = \theta_0$, isto é, podemos escrever

$$A'C' = R\int_0^{\theta_0} \sec\theta\, d\theta.$$

21.5 O teorema de Euler

Finalmente vamos explicar e demonstrar o resultado de Euler a que nos referimos na Introdução.

Esse resultado de Euler data de 1775, de sorte que até esse ano os cartógrafos continuavam sua faina em busca de um mapa plano do globo terrestre ou de uma região do globo com a propriedade de que todas as distâncias entre diferentes lugares se mantivessem inalteradas. Mais especificamente, *é possível construir um mapa plano do globo terrestre, ou de uma parte do globo, com uma escala fixa?* Dito de outra maneira, *é possível construir um mapa plano para o qual a distância entre quaisquer dois de seus pontos é sempre igual a um múltiplo fixo da distância ao longo dos pontos correspondentes no globo, medida ao longo do círculo máximo por estes pontos?*

A demonstração de que isso é impossível é tão simples que é de admirar que ninguém a tivesse descoberto bem antes de Euler.

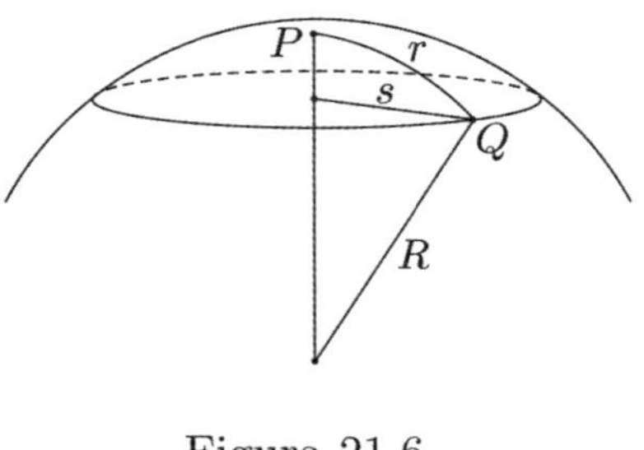

Figura 21.6

Para provar essa impossibilidade, basta considerar uma pequena região ao redor de um ponto P do globo, este representado na Figura 21.6 por uma esfera de raio R. Para simplificar, vamos supor que R já tenha sido escolhido de forma que o mapa esférico e o mapa plano estejam na mesma escala. Assim, raciocinando por absurdo, um arco de comprimento r ao longo de um grande círculo da esfera seria transformado num segmento retilíneo de comprimento igual no mapa plano.

Repare que os pontos Q na esfera, com $\widehat{PQ} = r$, formam uma circunferência de raio $s < r$, cuja imagem no mapa plano é uma circunferência de raio r, portanto, de comprimento $2\pi r$. Ao mesmo tempo, o comprimento desta circunferência deveria ser $2\pi s$, pois ela é imagem de uma circunferência de raio s. Mas, como $s < r$, isto contradiz a afirmação anterior e conclui a demonstração.

Qualquer pessoa que tenha desfrutado o prazer de comer uma boa tangerina sabe que é impossível transformar sua casca, ou parte dela, num objeto plano. O mesmo é verdade de uma bola de borracha rasgada. E há de reconhecer, nessas experiências, a presença do resultado de Euler.

Capítulo 22

Leonardo Euler

22.1 Introdução

Leonardo Euler nasceu na Basileia (Suiça) em 15 de abril de 1707 e faleceu em São Petersburgo (Rússia) em 18 de setembro de 1783. Ele foi um menino precoce, dotado de extraordinária memória e grande facilidade para o aprendizado de línguas. Seu pai, que era pastor protestante, queria muito que o filho estudasse teologia e seguisse seus passos. E assim foi até a universidade, onde Euler realmente iniciou estudos direcionados à carreira religiosa. Mas pouco se dedicou a eles, empregando a maior parte de seu tempo à Matemática e às ciências afins.

Euler viveu numa época em que as atividades científicas se intensificavam em toda a Europa. Foi uma época de grande desenvolvimento do Cálculo, uma disciplina matemática que foi fruto dos esforços de dezenas de matemáticos no século anterior, culminando com os trabalhos de Newton (16452–1727) e Leibniz (1646–1716) no final do século. Mas no início do século XVIII, quando Euler nasceu, o Cálculo era ainda muito incipiente e aguardava pelo desenvolvimento de seus métodos e técnicas. Esse trabalho que estava por fazer foi, em sua maior parte, feito por Euler.

Enquanto aluno na Universidade da Basileia, Euler, ainda adolescente, muito se beneficiou dos encontros que mantinha com Jean Bernoulli (1667–1748), um dos grandes matemáticos da época. Não demorou muito para que o próprio Bernoulli reconhecesse que estava sendo ultrapassado pelo jovem Euler. Jean Bernoulli tinha dois filhos matemáticos, Nicolau Bernoulli (1695–1726) e Daniel Bernoulli (1700–1782), ambos amigos matemáticos e amigos de Euler. Foram eles que persuadiram o pai de Euler a desistir da ideia de fazer do filho um pastor calvinista e o deixasse seguir seus estudos de Matemática, o que de fato acabou acontecendo. Esses dois Bernoulli foram contratados pela Academia de Ciências de São Petersburgo quando da fundação dessa instituição em 1725, e disso falaremos logo adiante. Euler também foi admitido nessa Academia em 1727, porém, inicialmente como professor de Fisiologia e Medicina. Com a morte de Nicolau Bernoulli em 1726 e a volta à Basileia de seu irmão Daniel, Euler assumiu a cadeira de Matenática da Academia. Em 1734, casou-se com Katharina Gsell, uma moça de ascendência suíça, com quem teve treze filhos. Mas, nessa época a morte de crianças e jovens era frequente, e desses treze filhos somente cinco viveram além da adolecência e apenas três ainda estavam vivos quando da morte de Euler.

22.2 As academias científicas

No tempo de Euler os cientistas estavam mais presentes nas academias de ciências do que nas universidades. Essas academias começaram a ser criadas em meados do século XVI. Primeiro foi a *Royal Society* inglesa, fundada em 1662, logo seguida da *Académie des sciences* em Paris em 1666. No tempo de Euler já havia academias científicas em vários países. Elas contribuíram indiretamente para a melhoria das universidades, pois estas competiam com as academias pelos melhores talentos. A criação das academias e o fortalecimento das universidades se deveram muito aos grandes estadistas e déspotas esclarecidos da época, como Carlos II na Inglaterra, Colbert, o lúcido e influente ministro de Luiz XIV na França, Pedro o Grande na Rússia e Frederico II na Prússia.

As academias eram centros de pesquisa científica e tecnológica, e contavam com boas dotações financeiras, instalações e bibliotecas. Os sábios por elas contratados tinham bastante liberdade em suas pesquisas, pois o que muito se esperava deles era que prestigiassem suas instituições com a publicação de suas pesquisas nos anais das academias a que pertenciam. Mas, sempre que solicitados, deviam atender a seus governos na solução de problemas práticos em diferentes áreas, como navegação e engenharia naval, hidráulica, acústica, cartografia, artes militares etc.

22.3 São Petersburgo e sua academia

Pedro o Grande, considerado um dos mais lúcidos e competentes dirigentes russos, empreendeu, ao longo de todo o seu reinado, muitos esforços para modernizar a Rússia e torná-la uma grande potência ao lado das nações ocidentais. Como parte desse objetivo, fundou a cidade de São Petersburgo em 1703, a qual deveria ser uma janela para o oeste, como de fato tem sido ao longo do tempo. Uma de suas grandes obras culturais é o museu Hermitage, que se rivaliza com o Louvre de Paris em tamanho e número de obras. Foi capital da Rússia de 1712 a 1918. Em 1928 os comunistas mudaram-lhe o nome para Stalingrado, mas o nome original da cidade foi-lhe devolvido em 1991 com a queda dos comunistas.

Antes de morrer em 1725 Pedro o Grande teve tempo de planejar a Academia de São Petersburgo, e esta grande instituição contou com o apoio entusiástico de sua sucessora, a csarina Catarina I. Mas Catarina morreu apenas dois anos após o marido, e a partir daí o governo russo passou por uma série de mandatários, nenhum dos quais teve a estatura de Pedro o Grande.

22.4 Euler e o Problema da Basileia

Embora já conhecido por sua competência em vários ramos científicos além da Matemática e por sua intensa atividade como pesquisador, Euler teve sua fama sobremaneira aumentada com a resolução do chamado *Problema da Basileia*, resolução essa que apareceu numa publicação de 1734. Vamos falar disso logo a seguir.

Como vimos no Capítulo 17, as séries infinitas apareceram pela primeira vez no cálculo que Arquimedes fez para calcular a área de um segmento de parábola. Depois disso reapareceram no século XIV, e novamente permaneceram dormentes até o final do século XVII, dessa vez no contexto da nova disciplina que surgia, o Cálculo. E como instrumento de investigação e desenvolvimento de métodos e técnicas dessa disciplina, as séries infinitas foram ganhando tanta importância que passaram a se constituir em um novo capítulo da Matemática e ciências aplicadas. Por causa disso, muitos matemáticos passaram a se ocupar com o mister de somar séries numéricas, como a série

$$1 + \frac{1}{2^2} + \frac{1}{3^2} + \frac{1}{4^2} + \ldots + \frac{1}{n^2} + \ldots = \sum_{n=1}^{n=\infty} \frac{1}{n^2}.$$

Foi o matemático italiano Pietro Mengoli (1625–1705), professor de Mecânica na Universidade de Bolonha, quem primeiro teve a ideia de somar essa série; e, segundo alguns autores, isso teria ocorrido em 1644. Não tendo êxito, ele tornou público o problema num livro que veio a lume em 1650. Por quase cem anos essa questão desafiou os melhores matemáticos daqueles tempos, e estava pronta para fazer a fama de quem conseguisse resolvê-la.

Jacques Bernoulli (1654–1707)[1], irmão de Jean Bernoulli, foi um dos matemáticos que tentaram obter a soma dessa série. Ele era um apaixonado por séries e já havia somado várias delas, quando viu-se impotente diante dessa nova série proposta por Mengoli. Tendo tido a humildade de admitir sua derrota, tornou público o problema em uma de suas publicações, escrevendo: "ficaremos muito gratos a quem conseguir somar essa série e nos comunicar o resultado, pois até

[1] Já falamos de quatro Bernoulli: Jean, seus filhos Nicolau e Daniel, e seu irmão Jacques. Convém mencionar aqui que essa família Bernoulli produziu mais de uma dezena de matemáticos.

agora não alcançamos esse intento". Como Jacques Bernoulli era professor na Universidade da Basiléia, o problema ficou conhecido com o nome dessa cidade: *Problema da Basiléia.*

Como dissemos há pouco, Euler teve sua fama muito aumentada com a resolução desse problema. De fato, ele realmente deu uma admirável demonstração de que a soma da referida série é $\pi^2/6$, isto é,

$$1 + \frac{1}{2^2} + \frac{1}{3^2} + \frac{1}{4^2} + \ldots + \frac{1}{n^2} + \ldots = \sum_{n=1}^{n=\infty} \frac{1}{n^2} = \frac{\pi^2}{6}.$$

O leitor curioso pode encontrar a demonstração feita por Euler em nosso artigo na revista *Matemática Universitária*, nº 42, Junho de 2007.

22.5 Transferência para Berlim

Euler permaneceu em São Petersburgo até 1741, quando se transferiu para a Academia de Berlim. Isso aconteceu, em grande parte, por sua insatisfação com o rumo da situação política que o país vinha tomando desde a morte de Catarina I em 1727: era crescente a intolerância com a presença de estrangeiros no país e com a liberdade de pensamento. Ora, os membros da Academia eram predominantemente estrangeiros e a liberdade de pensamento é uma das coisas mais caras a cientistas e intelectuais. Acresce a isso o fato de que a Academia era dirigida por um burocrata que não sabia valorizar o talento, tanto assim que reagiu com indiferença à excelente oferta que Euler recebeu de Frederico II da Prussia para que se transferisse para a Academia de Berlim. Euler estava no auge de seu prestígio como grande cientista, e foi nesse período final de sua estada em São Petersburgo que ele escreveu seu livro *Mechanica*, no qual apresenta a mecânica newtoniana no contexto do Cálculo, razão pela qual esse livro tornou-se um marco significativo na história da Física.

Foi ainda em São Petersburdo, por volta de 1738 que Euler começou a perder a visão. Mas essa perda de visão não teve o menor impacto na intensa atividade científica de Euler.

Em Berlim Euler continuou com sua fenomenal produção científica. Ele publicava intensamente, às vezes em média um trabalho por semana. Tão intensamente que no período em que esteve em Berlim, embora tivesse trabalhos aí publicados, muitos outros trabalhos iam para publicação em São Petersburgo, de cuja Academia Euler continuava recebendo honorários e com cujos colegas mantinha laços de calorosa amizade.

Além dessas memórias científicas, ainda em Berlim Euler escreveu vários livros importantes para o ensino. Um deles é o *Introductio in Analysin infinitorum* (Introdução à análise infinitesimal) de 1748, até hoje um texto de Cálculo muito admirado pela originalidade revelada pelo autor no tratamento de vários conceitos do Cálculo, que passavam a adquirir uma apresentação bem mais acessível do que tinham até essa época. É nesse livro que muitas das funções, como logaritmos e exponenciais, as funções trigonométricas e outras mais, adquirem a roupagem que nos é tão familiar nos dias de hoje.

Outra obra importante que Euler escreveu foi *Cartas a uma jovem princeza*, destinada à instrução da princeza sobre os mais variados assuntos científicos. Essa obra, em vários volumes, teve grande repercussão e divulgação, não somente entre especialistas, mas também no meio intelectual da época, mesmo fora do ambiente científico.

22.6 Retorno a São Petersburgo

Mas, como já lhe havia acontecido antes em São Petersburgo, chegou um momento em que Euler sentiu que o ambiente em Berlim já não lhe era mais favorável, enquanto na Rússia as coisas estavam bem melhores, tendo no poder Catarina II, conhecida como Catarina a Grande. Foi em 1766 que Euler então deixou Berlim e regressou a São Petersburgo. Euler foi recebido de braços abertos e muito entusiasmo de todos os seus colegas cientistas de uma Academia que ele nunca tinha abandonado, pois, mesmo em Berlim, continuava publicando e atuando como editor dos Anais da Academia de São Petersburgo.

Foi depois de voltar à Russia que Euler foi perdendo gradativamente a visão que lhe restava, até ficar completamente cego em 1771. Ficou viuvo três anos mais tarde. Mas todas essas adeversidades não diminuíram sua produtividade científica; pelo contrário, graças também a ele ter se preparado para a cegueira completa, treinando ajudantes na leitura de escritos matemáticos e na escrita de trabalhos que ele ditava, continuou produzindo até mais do que antes. Conta-se que ele ia escrevendo ou ditando a seus auxiliares; e seus trabalhos iam sendo empilhados uns sobre os outros. O impressor da Academias, por sua vez, tirava os trabalhos da pilha de cima para baixo, acontecendo que Euler voltava a aumentar a pilha antes que o impressor pudesse esgotá-la! Isso explica por que as datas de publicação e produção de muitos de seus trabalhos estão frequentemente invertidas.

Segundo E. T. Bell, em seu livro "Men of Mathematics", Euler tinha memória fenomenal, a ponto de conhecer, de cor, toda a Eneida, e as sextas potências dos primeiros cem números!

A produção científica de Euler nunca diminuiu, mesmo nos períodos de maior adversidade de sua vida, quando perdia filhos, quando se enviuvou, ou quando ficou totalmente cego doze anos antes de morrer. E, depois de sua morte, a publicação de seus artigos continuou por cerca de meio século.

Euler produziu a mais extensa obra matemática de todos os tempos, em todas as áreas da Matemática Pura e Aplicada. Álgebra, Geometria, Cálculo Infinitesimal, Teoria dos Números, Mecânica Racional, Mecânica Celeste, Geodésia, Cartografia, Balística e Hidrodinâmica são alguns dos domínios científicos nos quais Euler deixou a marca indelével de seu gênio. Em Teoria dos Números Euler é o maior nome que surgiu depois de Fermat. Até essa época Fermat era praticamente desconhecido, mas devido às importantes pesquisas de Euler nessa área de estudos, o trabalho de Fermat passou a ser bem conhecido e a teoria dos números ganhou o interesse geral dos matemáticos. Euler criou o Cálculo das Variações, que é o estudo de *funcionais*, ou funções que dependem de outras funções. Criou a Mecânica Analítica, cujos métodos têm um alcance incomparavelmente maior que os métodos de Newton. Criou ainda a Geometria Diferencial, que é o estudo das curvas e superfícies com os métodos do Cálculo.

Além de produzir pesquisa científica do mais alto nível, Euler foi um bom didata. Ele escreveu vários livros-textos, alguns dos quais traduzidos e publicados até os dias de hoje. Um exemplo disso é seu livro de 1748 intitulado *Introductio in Analysin Infinitorum*, do qual já falamos, mas que cabe relembrar aqui pela curiosa história que tem sua tradução inglesa: em outubro de 1979 o eminente matemático André Weil (1906–1998) fez uma conferência na Universidade de Rochester sobre a vida e a obra de Leonardo Euler. Nessa conferência ele manifestou sua convicção de que os estudantes de hoje teriam muito mais a aproveitar estudando pela *Introductio in Analysin Infinitorum* de Euler do que em muitos textos modernos sobre os mesmos tópicos. Essa afirmação de Weil foi o que bastou para que uma pessoa presente na audiência logo empreendesse a tradução dessa obra de Euler do latim para o inglês, a qual foi publicada pela prestigiosa editora Springer-Verlag.

22.7 Ainda sobre o tempo em que Euler viveu

O século XVIII, na História da Matemática, foi uma época de rápido desenvolvimento do Cálculo, de sistematização e aprimoramento de seus métodos, uma época em que as concepções de Newton, Leibniz e outros matemáticos do século anterior foram extensamente exploradas e desenvolvidas. Muitos matemáticos ilustres viveram e produziram trabalhos importantes nesse século, mas Euler situa-se bem acima de todos eles em tudo o que foi feito para a organização e sistematização dos referidos métodos. Para bem entender o que isso significou na evolução da Matemática, convém lembrar que, embora o Cálculo tenha se desenvolvido ao longo de todo o século anterior, culminando com os trabalhos de Newton e Leibniz, a matemática inglesa ficou muito prejudicada pela disputa de prioridade entre estes dois sábios sobre o verdadeiro descobridor (ou inventor) do

Cálculo, disputa esta nutrida principalmente por Newton e seus seguidores. Como a notação de Leibniz para derivadas, diferenciais e integrais era muito superior à de Newton, os matemáticos do continente, como os Bernoulli, Euler e muitos outros, puderam promover um avanço mais significativo dos novos métodos do Cálculo em comparação com o que acontecia na Inglaterra.

22.8 O lado humano de Euler

Euler foi uma pessoa de grandes virtudes morais. Era homem simples e humilde, como pessoa e como cientista. Relacionava-se muito bem com colegas e amigos próximos, com reis e pessoas de alta influência no governo e na sociedade, mas igualmente com as pessoas mais simples do extrato social. Euler teve, em vida, pleno reconhecimento de suas altas qualidades humanas e de grande cientista, por cujos trabalhos recebeu muitos prêmios. Foi um homem feliz, que, todavia, não escapou a uma pesada dose de sofrimento ao longo dos anos: começou a perder a visão do olho direito aos 31 anos de idade e logo ficou cego desse olho. Ficou totalmente cego aos 64 e enviuvou aos 66. Voltou a se casar com uma meia irmã de sua primeira mulher. Testemunhou a morte de 10 de seus 13 filhos antes de morrer, cinco dos quais ainda crianças ou muito jovens. Imbuído de sólida fé cristã, Euler enfrentou todos esses embates da vida sem perder o ânimo de continuar sua caminhada no tempo e sua fenomenal produção científica.

Índice Remissivo

IMPRESSÃO E ACABAMENTO
YANGRAF
GRÁFICA E EDITORA LTDA.
WWW.YANGRAF.COM.BR
(11) 2095-7722